太赫兹检测技术及其在电气设备中的应用

成 立 杨丽君 何雨欣 著

科学出版社
北京

内 容 简 介

本书从电力装备无损检测的应用需求出发,结合不同实际应用场景,全面介绍基于太赫兹技术的电力装备无损检测关键技术。全书共 5 章,首先简要总结太赫兹检测技术在各领域的应用现状,其次介绍太赫兹无损检测技术的基本原理与检测系统,最后重点介绍太赫兹技术在外绝缘设备、内绝缘设备及电气材料中的检测应用。在不同设备的检测介绍中,不仅详细介绍检测机理,还对检测方法、数据处理方法与分析方法也进行详尽的介绍,具有很强的工程实用性。

本书适用于高等院校电气工程专业的本科生、研究生与研究人员,以及电力公司电力运维人员等参考阅读。

图书在版编目(CIP)数据

太赫兹检测技术及其在电气设备中的应用 / 成立, 杨丽君, 何雨欣著.
北京: 科学出版社, 2025.3. -- ISBN 978-7-03-081280-3

Ⅰ.TM92

中国国家版本馆 CIP 数据核字第 20254DN468 号

责任编辑: 叶苏苏/责任校对: 彭 映
责任印制: 罗 科/封面设计: 义和文创

科 学 出 版 社 出版
北京东黄城根北街 16 号
邮政编码: 100717
http://www.sciencep.com

四川煤田地质制图印务有限责任公司印刷
科学出版社发行 各地新华书店经销
*
2025 年 3 月第 一 版 开本: B5(720×1000)
2025 年 3 月第一次印刷 印张: 10 3/4
字数: 217 000
定价: 149.00 元
(如有印装质量问题, 我社负责调换)

前　　言

无损检测技术可以在不破坏检测对象的前提下，对设备深处隐匿的缺陷进行检测，是提升电力产品质量、保障电力设备安全的核心手段。为建设更加安全灵活的电力系统，国家对电力装备可观、可测、可控能力提出了更高的要求。运用各种新型的无损检测技术，进一步提升装备与系统的安全性、可靠性，也成为近年来行业研究的热点之一。太赫兹技术作为一种新兴的检测技术，相较于传统超声等无损检测方式，具有检测精度高、适用场景广、非接触无损伤、可同时实现结构与成分检测等特点，在电力行业具有很好的应用前景，但其基本原理、数据分析方法对大部分电力工作者来说都显得尤为陌生。因此特撰写本书，为对太赫兹无损探伤这一前沿技术有兴趣的电力行业专业人士，以及相关高等院校的学生提供最新研究参考。

本书简要总结太赫兹检测技术在各领域的应用现状，介绍太赫兹无损检测技术的基本原理，并重点对太赫兹技术在不同种类电力设备及电气材料中的检测应用进行介绍。在充分考虑知识体系完整性的同时，突出理论联系实际，提供了大量实践案例，具有很强的工程实用性。

全书共 5 章：第 1 章介绍太赫兹无损检测技术的基本概念与应用现状，第 2 章结合典型案例介绍太赫兹检测技术的基本原理，第 3 章与第 4 章分别介绍绝缘子等外绝缘设备的太赫兹无损检测方法，以及变压器等内绝缘设备的太赫兹无损检测方法，第 5 章介绍以绝缘油纸为代表的电工材料的太赫兹无损检测方法。

本书总结形成于课题组及国内外相关学者多年来的研究成果，谨向实验室从事相关工作的研究生及相关文献的作者表示感谢。太赫兹技术作为一种新兴检测技术，目前在电力行业中的应用仍处于探索阶段，希望业内同仁通过本书能够了解这一技术，将其推广至更多的应用场景，携手提升电力装备的整体安全性与可靠性。

由于时间仓促和个人水平所限，书中难免存在不足和疏漏之处，恳请读者批评指正。

作　者

2024 年 10 月

目 录

第1章 绪论 ··· 1
  1.1 基于太赫兹的无损检测技术及其应用 ··· 1
    1.1.1 太赫兹波 ··· 1
    1.1.2 太赫兹无损检测技术 ·· 2
    1.1.3 太赫兹无损检测技术的应用 ··· 3
  1.2 太赫兹波产生的基本原理 ·· 9
    1.2.1 光电导天线法 ·· 9
    1.2.2 光整流法 ·· 11
  1.3 太赫兹波传播的基本原理 ··· 12
  1.4 太赫兹波在介质中的折反射与吸收 ··· 14
  1.5 太赫兹检测系统 ·· 17
    1.5.1 透射式太赫兹检测系统 ·· 17
    1.5.2 反射式太赫兹检测系统 ·· 18
  参考文献 ··· 21

第2章 太赫兹检测技术 ··· 25
  2.1 太赫兹光谱分析原理 ··· 25
    2.1.1 菲涅耳公式解析法 ·· 25
    2.1.2 全变差最小化法 ··· 26
    2.1.3 准直空间法 ·· 27
  2.2 太赫兹成像原理 ·· 27
    2.2.1 透射式成像原理 ··· 28
    2.2.2 反射式成像原理 ··· 30
  2.3 太赫兹常见噪声来源与降噪方法 ·· 31
    2.3.1 太赫兹常见噪声来源 ··· 31
    2.3.2 太赫兹常见噪声降噪方法 ··· 32
  2.4 太赫兹检测典型案例 ··· 33

2.4.1　工业用纸太赫兹厚度测量 ·· 33
　　2.4.2　纸张太赫兹吸收特性 ·· 35
　　2.4.3　热障涂层太赫兹检测 ·· 37
　　2.4.4　有机涂层多层材料的太赫兹检测 ······································ 41
参考文献 ·· 44

第 3 章　基于太赫兹的外绝缘设备无损检测方法 ································ 45
3.1　外绝缘设备无损检测方法概述 ·· 45
　　3.1.1　外绝缘设备 ··· 45
　　3.1.2　绝缘子缺陷分类 ·· 46
　　3.1.3　绝缘子缺陷产生机理 ··· 48
　　3.1.4　绝缘子缺陷无损检测方法 ·· 49
　　3.1.5　检测方法的优缺点对比 ·· 53
3.2　太赫兹在常见外绝缘材料中的传播特性 ···································· 54
　　3.2.1　在硅橡胶中的传播特性 ·· 55
　　3.2.2　在电缆中的传播特性 ··· 60
参考文献 ·· 64

第 4 章　基于太赫兹的内绝缘设备无损检测方法 ································ 67
4.1　内绝缘设备无损检测需求 ··· 67
　　4.1.1　绝缘油概述 ··· 68
　　4.1.2　绝缘纸概述 ··· 71
　　4.1.3　绝缘油的检测方法 ·· 73
　　4.1.4　绝缘油的性能检测 ·· 77
　　4.1.5　绝缘纸的检测方法 ·· 79
4.2　太赫兹在常见内绝缘材料中的传播特性 ···································· 81
　　4.2.1　在绝缘油中的传播特性 ·· 81
　　4.2.2　在绝缘纸中的传播特性 ·· 85
4.3　基于极化理论的油纸绝缘微水检测 ··· 89
　　4.3.1　油纸绝缘微水无损检测的必要性 ······································ 89
　　4.3.2　基于太赫兹介电谱方法的微水检测原理与优势 ················· 90
　　4.3.3　样品制备方法与检测方法 ·· 94

  4.3.4 测试数据处理 ············· 98
  4.3.5 水分在油纸绝缘中的分布特性检测实例 ············· 102
 4.4 变压器绕组电化学腐蚀无损检测 ············· 105
  4.4.1 绕组硫腐蚀检测的技术需求 ············· 106
  4.4.2 绕组硫腐蚀检测的原理 ············· 107
  4.4.3 试验样品制备 ············· 108
  4.4.4 检测方法 ············· 109
  4.4.5 腐蚀产物对反射波幅值的影响 ············· 110
  4.4.6 纸包铜绕组硫腐蚀成像及量化评估 ············· 112
 4.5 变压器层压纸板质量无损检测 ············· 118
  4.5.1 太赫兹脉冲波在介质中的传播特性 ············· 119
  4.5.2 太赫兹脉冲波在绝缘纸板中的反射特性 ············· 121
  4.5.3 油纸绝缘缺陷模型样品制备 ············· 122
  4.5.4 油纸绝缘缺陷太赫兹脉冲反射波特征 ············· 124
  4.5.5 油纸绝缘缺陷太赫兹时域波形成像方法 ············· 126
  4.5.6 油纸绝缘缺陷的时域成像 ············· 127
 参考文献 ············· 129

第5章 基于太赫兹的材料成分分析和溯源方法 ············· 132
 5.1 基于太赫兹的外绝缘材料老化特性表征 ············· 132
  5.1.1 检测原理 ············· 132
  5.1.2 检测方法 ············· 135
  5.1.3 数据处理 ············· 136
  5.1.4 基于太赫兹吸收光谱的硅橡胶无损评价表征 ············· 137
 5.2 基于太赫兹的内绝缘材料老化特性表征 ············· 148
  5.2.1 影响内绝缘材料老化的主要因素及检测手段 ············· 148
  5.2.2 太赫兹时域光谱技术在相关领域的研究 ············· 150
  5.2.3 太赫兹技术评估内绝缘老化状态的方法 ············· 152
 5.3 基于太赫兹的原材料溯源 ············· 158
 参考文献 ············· 163

第1章 绪　　论

1.1 基于太赫兹的无损检测技术及其应用

1.1.1 太赫兹波

太赫兹（terahertz，1 THz = 10^{12} Hz）波通常指频率在 0.1～10 THz 频段范围内的电磁波，位于红外和微波之间，是电磁波谱上由电子学向光子学过渡的特殊区域，也是宏观经典理论向微观量子理论的过渡区域，如图 1.1 所示。

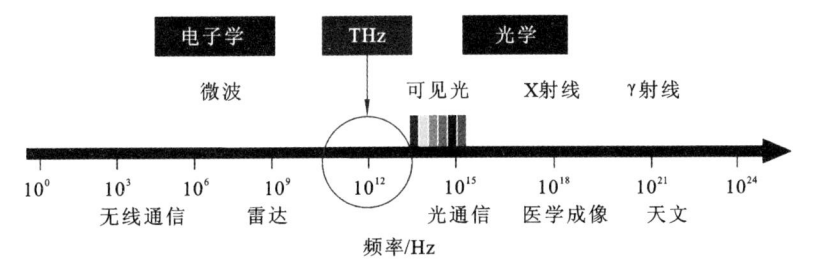

图 1.1　电磁波谱中的太赫兹频段示意图

太赫兹波具有很多不同于其他电磁波的特殊性质，因此近年来被开发用于许多前沿场景。

(1) 瞬态性：太赫兹脉冲的典型脉宽在皮秒数量级，可以方便地对各种材料包括液体、气体、半导体、高温超导体、铁磁体等进行时间分辨光谱技术的研究，而且通过取样测量技术，能够有效地抑制背景辐射噪声的干扰，得到高信噪比（signal-to-noise ratio，SNR）的太赫兹时域谱。

(2) 宽带性：太赫兹脉冲源通常只包含若干个周期的电磁振荡，单个脉冲的频带可以覆盖从千兆赫兹至几十太赫兹的范围，便于在大的范围里分析物质的光谱性质。

(3) 相干性：太赫兹的相干性源于其相干产生机制，它是由相干电流驱动的偶极子振荡产生，或是由相干的激光脉冲通过非线性光学差频效应产生。太赫兹相干测量技术能够直接测量电场的振幅和相位，进而方便地提取样品的折射率、吸收系数，大大减少了计算和不确定性，提高了精度和可靠性。

（4）高透射性：太赫兹对许多介电材料和非极性物质具有良好的穿透性，可对不透明物体进行透视成像，是 X 射线成像和超声波成像技术的有效互补，可用于安检或质检过程中的无损检测。

（5）指纹谱性：太赫兹频段包含了丰富的物理和化学信息。大多数极性分子和生物大分子的振动和能级跃迁都处在太赫兹频段，因此根据这些指纹谱，太赫兹光谱成像技术能够分辨物体的形貌，分析物体的物理化学性质。

早期太赫兹在不同的领域有不同的名称，在光学领域习惯被称为远红外辐射，而在电子学领域，则称其为亚毫米波、超微波等。在 20 世纪 80 年代中期之前，太赫兹频段两侧的红外和微波技术发展已相对比较成熟，但是人们对太赫兹频段的认识仍然非常有限，究其原因是此频段既不完全适合用光学理论来处理，也不完全适合用微波理论来研究；同时缺乏有效地产生和检测太赫兹波的手段，理论与设备的缺失形成了所谓的"太赫兹空隙"（THz gap）。太赫兹波技术在 20 世纪 90 年代初期得到了长足发展，随着微电子和半导体技术的进步，在 1991 年，日本和英国的研究团队几乎同时发明了可图像化电离室用于太赫兹波探测，使太赫兹波探测器性能大幅提高。2001 年，美国科学家发明了使用光纤作为太赫兹波传播介质的新技术，大大增加了太赫兹检测系统的传输距离和抗干扰能力。2005 年左右，太赫兹成像技术实现了对物质内部结构及其变化的高精度探测，并逐渐应用于材料检测、医学影像、安检、生物检测等领域。

近年来，超快光电子技术和低尺度半导体技术的发展为太赫兹频段提供了较为合适的光源和探测手段，太赫兹技术得以快速发展，太赫兹技术研究受到各国重视。2004 年，美国将太赫兹技术列为"改变未来世界的十大技术"之一，日本将太赫兹技术列为"国家支柱技术十大重点战略目标"之首。欧洲、亚洲等许多国家和地区，以及澳大利亚等国的政府、企业、大学和研究机构等也纷纷投入太赫兹技术研发中。我国在 2005 年召开了"香山科技会议"，确立了太赫兹技术的战略地位，制定了我国太赫兹技术发展规划。

1.1.2 太赫兹无损检测技术

太赫兹光谱包含了丰富的物质信息，利用太赫兹波可对物质进行探测和分类。太赫兹波独特的透视性、安全性及光谱分辨能力，为太赫兹时域光谱仪（terahertz time-domain spectroscopy，THz-TDS）在物质检测、物质结构特性、物质定性及定量分析等方面的应用奠定了基础。典型的太赫兹时域光谱系统实验装置图如图 1.2 所示。

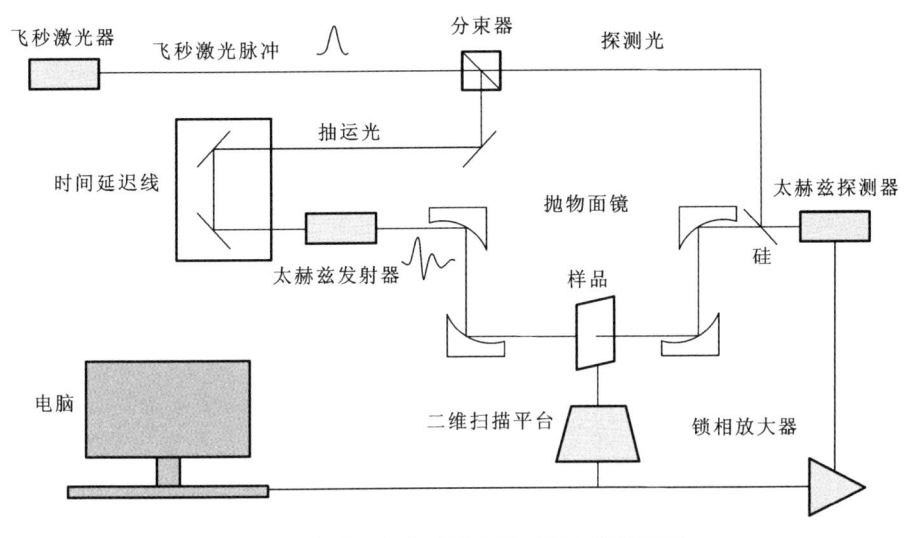

图 1.2 典型太赫兹时域光谱系统实验装置图

太赫兹时域光谱系统是基于太赫兹时域光谱技术研发，并在太赫兹频段进行光谱测量与分析的光学系统，是进行太赫兹频谱研究的基本工具，常被称为"太赫兹光谱仪"。THz-TDS 主要有 3 个技术框架：太赫兹波产生技术、探测技术，以及光学参数提取技术。THz-TDS 相对于传统远红外光谱测量技术与微波测量技术，具有独特的技术优势：

（1）测量带宽可以覆盖 0.1～10 THz 的频谱范围；
（2）具有较高的信噪比和时间分辨光谱；
（3）脉冲 THz 信号具有较快的时间响应；
（4）可同时测量电场的振幅与相位信息，在室温下工作。

太赫兹波能够透过泡沫、陶瓷、塑料、高分子复合材料、磁性材料等可见光与红外波，甚至超声波都无法透过的材料，可实现对这些材料的无损检测。太赫兹无损检测技术，其原理主要基于太赫兹波成像技术。太赫兹波成像技术利用太赫兹波对大部分非极性材料具有非常强的穿透特性及 THz-TDS 的独特技术优势，可以同时实现振幅成像和相位成像，并且具有更高的分辨率。实现太赫兹无损检测的技术途径主要分为连续波成像与脉冲成像。

1.1.3 太赫兹无损检测技术的应用

太赫兹波的特点，使其在电力系统、文物保护、军事航天、生物医学、食品、安检和农产品等多个领域得到广泛应用。

1. 太赫兹无损检测技术在电力系统中的应用

1）变压器绝缘油的检测与分析

李猛[1]运用太赫兹时域光谱技术对变压器电性故障、热性故障和局部受潮等情况下的变压器故障绝缘油进行了定性实验分析，得到的热性故障和电性故障分析准确率分别达到 98.55%和 98.18%。Lim 等[2]运用太赫兹时域光谱仪检测了不同使用时长的变压器绝缘油，测量了太赫兹光谱的振幅和相位信息，计算了样品的折射率和吸收系数等光学参数，利用此方法可准确得到电力变压器绝缘油性能的恶化信息。Kang 等[3]也运用太赫兹时域光谱仪检测了不同老化程度的绝缘油在 0.2~3.0 THz 范围内的相关复光学常数、折射率和吸收及复介电性能，得出老化矿物绝缘油的太赫兹响应存在明显差异。

2）油纸绝缘水分含量的检测

水是极性分子，绝缘油为弱极性，水分子化学键在太赫兹频段的弯曲振动及氢键拉伸，使水对其有强烈的吸收，并且随着含水量不同，其吸收量不同。蒋强等[4]利用太赫兹时域光谱技术对变压器油进行了水含量检测，获得了不同水含量变压器油的吸收系数和折射率，并将实验数据与洛伦兹-洛伦茨、比尔-朗伯模型的数据进行对比分析，得到相一致的实验结论。研究结果还显示，变压器油的太赫兹吸收系数、折射率与水含量呈一定线性关系，这表明利用太赫兹时域光谱技术对变压器油的水含量进行定量测试具有可靠性。李猛[1]研究了局部受潮故障中变压器绝缘油含水量，运用偏最小二乘法优化技术分析太赫兹吸收光谱，实现了运用太赫兹时域光谱对变压器绝缘油水分含量的定量检测。孔旭晖等[5]根据变压器油的吸收系数与水含量的线性关系，得到了不同水分含量变压器油的时域、频域、吸收系数和折射率，实现了变压器油中水分含量的定量检测应用。Wang 等[6]运用太赫兹时域光谱系统测量了绝缘油中的水分含量，结果表明样品含水率越高，透射波的功率越低，相位延迟越大。

水分具有加速绝缘纸纤维素降解的催化作用，电力变压器油纸水分含量的增加，会导致油纸绝缘老化程度加深，其绝缘能力和机械强度变差，从而加速变压器绝缘劣化。成立等[7]利用太赫兹时域光谱系统对植物绝缘油和矿物绝缘油不同水分含量的绝缘纸板样品进行了实验，得出了不同含水量的绝缘纸板在太赫兹时域光谱上的光谱响应特征，以及不同绝缘油样品的峰值时间与峰值大小均与绝缘油的含水量存在近似正比关系。实验对响应信号结果进行拟合，估计得出峰值时间和峰值大小与含水量的计算公式，预测评估油浸绝缘纸样品中的水分含量。被测样品的时域太赫兹信号通过快速傅里叶变换，得到频域响应信号。随着水分含量的增加，样品频域信号幅值整体下降，据此得出样品频域信号峰值与水分含量呈现负相关性，初步得到基于太赫兹透射频域信号的样品含水量判断公式。实验表明，透射式太赫兹时域光谱系统可以快速、安全、无损地检测出绝缘纸板含水量，并且可以通过谱图得出水分的平面分布状况。

3) 变压器绝缘油纸老化分析

王亮[8]运用太赫兹光谱技术检测了变压器绝缘油纸的老化状态。实验中运用太赫兹时域光谱技术方法试验经加速热老化后的矿物绝缘油，得到光谱信息，测量其在太赫兹频段的折射率、吸收系数、介电特性等，对比分析各参数的老化变化规律，结合传统的老化判断指标，可知特征吸收峰和折射率随其老化程度的增加而变强，据此得到老化的特征参量。实验还发现，太赫兹参数与矿物绝缘油中糠醛浓度存在良好的相关性。同时应用仿真实验对绝缘纸中的纤维素单体进行频率振动的量子化学计算，归属其吸收峰，研究发现不同热老化程度的纤维素绝缘纸的太赫兹波折射率不同，折射率随绝缘纸老化程度的变化而变化，并且不同热老化程度绝缘纸的聚合度与折射率之间也存在一定相关性。Lee[9]研究了太赫兹时域光谱法检测纤维素纸板热老化效应，脉冲太赫兹波频率折射率的变化表明，太赫兹波测量可以清楚地分析热老化程度和热击穿条件。通过确定介电完整性，可以检查纤维素纸板内部的电气绝缘强度。Wang 等[10]用太赫兹时域光谱（在 0.1~1.8 THz 范围内）分析了不同老化间隔后绝缘纸的光学参数，结果表明不同老化间隔后的纸张样品具有不同的折射率，最小二乘拟合显示聚合度与纸张折射率之间存在线性关系。

4) 电力设备缺陷的无损检测

太赫兹波对非金属材料具有穿透性，可以利用其对一些金属材料以外的电力设备进行检测，如绝缘材料内部缺陷和裂痕的检测。太赫兹无损检测技术不仅能够对电气设备内部微小缺陷进行无损检测，还可以通过时域或频域的方法对缺陷清晰成像，获得直观的检测信息。此技术在检测电缆绝缘层气隙缺陷和绝缘子交界面蚀损缺陷上有较成功的研究案例。张中浩等[11]测试了复合绝缘子界面气隙、蚀损缺陷情形下的太赫兹反射波，分析了太赫兹波在含缺陷界面中的反射传播特性；针对气隙缺陷，提出了通过太赫兹波形特征比对的定量检测方法；针对蚀损缺陷，提出了基于波形差值的成像检测方法。对实际缺陷的测试表明，太赫兹时域反射波在复合绝缘子界面缺陷检测中具有较高的应用价值。Zhang 等[12]提出了一种基于波形数据库的内部气隙定量测量方法，分析了太赫兹波在介质中的传播特性，提出了一种定量诊断界面气隙缺陷的方法。Cheng 等[13]运用太赫兹时域光谱技术对新型复合绝缘子缺陷进行了无损检测，运用 0.02~2 THz 频段的脉冲波对现场过热的 500 kV 复合绝缘子和含有人工空洞缺陷的样品进行了测试。实验表明，在足够功率的前提下，其可对复合绝缘子进行远距离检测。谢声益等[14]提出了一种基于太赫兹时域光谱技术的交联聚乙烯电缆无损检测新方法。通过采集太赫兹时域光谱透过样品的时域信号，以信号幅值和相位为特征量有效辨别交联聚乙烯电缆样品的隐藏气隙，并能得出隐藏气隙的几何尺寸信息及气隙位置和形状特征信息。

2. 太赫兹无损检测在文物保护领域的应用

Gallerano 等[15]在 2009 年首次尝试将 THz 技术用于镀金画板的检测，成功测试了被石膏层部分遮蔽的由金箔和颜料所组成的模型画板。Abraham 等[16]利用反射式 THz-TDS 成功检测了不同颜料覆盖下的石墨铅笔绘图。

德国 Krügener 小组[17]利用 THz 技术对汉诺威的下萨克森州国家博物馆的一个石质圆形浮雕内部裂隙进行了探测，通过 THz 时间延迟差不仅精确测量了 5～7 mm 的隐藏裂隙，还有效检测了 16 世纪釉面陶土层下的缺陷。山西大同大学研究小组利用云冈石窟不同风化深度砂岩样品的 THz 光谱数据，结合支持向量机建立了风化深度预测模型[18]。Bardon 等[19]系统研究了历史文献上的各种墨水，通过光谱的差别可区分鉴别不同的墨水类型。Labaune 等[20]领导的小组利用太赫兹进行了文物保护工作，利用 THz-TDS 对 1 个埃及陶罐进行了 THz 透射层析成像，通过 3 个不同扫描角度投影图像的分析，得出在投影顶部附近所看到的黑色垂直线不是裂隙，而是陶罐内的某种物体。

3. 太赫兹无损检测在军事航天领域的应用

太赫兹辐射具有比微波更短的波长及更高的时间检测精确度，因此，可利用太赫兹雷达对目标进行敏感性的探测与监视。太赫兹雷达发射的太赫兹脉冲包含了丰富的频率，可使隐形飞机的窄带吸收涂层失去作用。由于雷达主要用于探测空中目标的方位和距离，而超宽带太赫兹雷达以高距离分辨率、强穿透率、低截获率、强抗干扰性及优越的反隐身能力，完全可用于国家的远程监视与探测。

太赫兹辐射对炸药所处的状态非常敏感，温度的不同和晶型的不同都会在太赫兹光谱中有所反映，不同晶向的炸药样品吸收特征也有所差别，可用于炸药精细结构的检测分析。利用太赫兹时域光谱装置测量各种单质化合物的光谱，再采用线性回归的技术，对测量的混合化合物太赫兹光谱进行分析，能得到混合材料的成分和相对含量，可用于研究混合炸药在不同状态下的表面组分变化情况。利用水分子对太赫兹辐射强烈的吸收特性，能够有效地对库存炸药表面水分分布的变化情况进行无损检测和评价。

太赫兹波有较强的穿透率，并且其光子能量低，只有几毫电子伏特，穿透时不易发生电离，因而可用于安全的无损检测。尤其是对一些塑料泡沫等绝缘材料内部的缺陷和裂纹等进行无损检测和成像,在战略导弹及航空、航天结构材料的检测和评估方面具有重要的应用价值,如对航天飞机燃料舱的隔热材料进行有效的无损探伤,已被美国国家航空航天局选择为发射中缺陷检测的技术之一。

太赫兹波可用于探测航天器微小损伤和复合材料的脱胶。美国有公司用结构小巧的固体太赫兹波系统对航天器外部燃料箱的泡沫隔离层进行空洞和脱胶检测。科研人员使用了一套基于光学技术的太赫兹波系统,充分证明了太赫兹波可以对航天器燃料舱的隔热材料进行有效的无损探伤。

4. 太赫兹无损检测在生物医学领域的应用

从生物学上看,人是由众多细胞组成的生命体,人在发病之后往往会在身体组织上出现反应。因此在疾病诊断中,可利用检查病变组织的方法来快速诊断疾病。由于水对太赫兹波的吸收特点,病变部位的组织含水量较正常组织会发生变化,通过太赫兹波对人体进行检查,就可以判断并找到病变位置及病变组织大小。在实际身体检查中,太赫兹直接穿过脂肪组织,并且能够在被反射之后成像。

李钊[21]使用透射式THz-TDS研究了4个缺血时间点的新鲜大鼠脑缺血组织,并计算了脑缺血组织在0.5~2 THz范围内的吸收系数,通过计算吸收系数曲线中波峰与波谷的差值实现了缺血3 h以上的脑缺血组织的检测。张章等[22]使用透射式THz-TDS对6个缺血时间点的新鲜大鼠脑缺血组织进行了检测,并计算了脑缺血组织的太赫兹波的吸收系数。随着缺血时间的延长,脑缺血组织对太赫兹波的吸收系数呈现出先升高,并在缺血6 h时达到最大值,然后降低而后再升高的趋势。

Oh等[23]利用反射式THz-TDS成像系统研究了完整的新鲜和石蜡包埋的大鼠脑胶质瘤组织。在其成像结果中,不仅显示出清晰的胶质瘤边界,还能区分出灰质和白质。Meng等[24]利用透射式THz-TDS成像系统研究了石蜡包埋的大鼠脑胶质瘤组织。实验结果表明,肿瘤组织的折射率、吸收系数和介电常数都大于正常组织。

5. 太赫兹无损检测在食品领域的应用

利用太赫兹技术对肉制品进行质量检测,瘦肉对太赫兹射线具有吸收作用,而肥肉对太赫兹射线几乎是透明的,可利用此特性使用太赫兹装置来区分肉的肥瘦。太赫兹辐射对水的穿透力很差,可以利用此特性确定食品的含水量。对已包装好的食品,可以利用太赫兹辐射来确定水的含量并判断食品的新鲜程度。此外,利用太赫兹技术不仅可以获得食品的光谱强度,还可以获得相位信息,实现对密封包装食品的三维成像。

太赫兹光谱技术对生物分子具有特异性,因此为地沟油的检测提供了有效的途径。宝日玛等[25]测量了普通的食用油和多种地沟油的太赫兹光谱，得出了试验样品在 0.16～0.96 THz 频域的折射谱和吸收谱，定性分析了地沟油和植物油在不同频率上的光谱差异。詹洪磊等[26]利用宝日玛得到的光谱信息进一步结合统计方法来鉴别地沟油和植物油，利用 0.16～1.30 THz 频域吸收谱进行了聚类分析。随机选择两种地沟油作为验证，其余的样品进行聚类，采用概率神经网络方法对验证样品进行判定，并成功将两种油判定为地沟油。

Zhao 等[27]研究了羟基苯甲酸甲酯的透射光谱，在 7.8 K 时能够发现其太赫兹吸收峰，并根据函数密度理论模拟太赫兹光谱。张曼等[28]针对"麦乐鸡"添加剂中有一种化学成分特丁基对苯二酚（tertiary butyl hydroquinone，TBHQ）含量超标，应用太赫兹无损检测技术对其做了定性识别。测得了该化学成分在 0.2～2.2 THz 范围内的吸收率和折射率曲线，并将其与面粉不同比例均匀混合，测得混合物和面粉在 0.2～2.2 THz 范围内的吸收谱，同时对特丁基对苯二酚进行了理论模拟对比。该试验说明太赫兹波检测 TBHQ 是可行的，为检测食品添加剂提供了一种新型手段。夏燚等[29]利用 THz-TDS 分别对吊白块、增白剂及其混合物进行了光谱检测，获得了三者在 0.2～1.5 THz 范围内的吸收谱和折射谱，得出了增白剂在太赫兹频段存在特征吸收峰，可以将太赫兹频段的指纹特征用于物质识别；另外随着混合物中吊白块含量的增加，吸收系数逐渐下降，折射率逐渐增加；采用偏最小二乘（partial least squares，PLS）法对增白剂中吊白块的含量进行了定量分析。

6. 太赫兹无损检测在安检领域的应用

THz 波对多数非极性包装材料具有较高的穿透性，使用 THz 成像技术可以对隐藏在纸张、塑料、衣物内的毒品进行检测。2003 年，有学者率先报道使用 THz 参量振荡器实现了在不拆开信封的情况下，提取信封内可疑物指纹谱来识别信封内的毒品，采用不同 THz 频率对毒品可疑物进行多光谱成像并以此区分信封内的毒品可疑物的种类，这些研究使得安检人员切断毒品藏匿在信封的运输途径成为可能[30]。2006 年，有学者利用 THz 成像技术，完成了信封中甲基苯丙胺（methamphetamine，MA）、3,4 亚甲二氧基苯丙胺（3,4 methylenedioxyamphetamine，MDA）、海洛因、乙酰可待因和吗啡的快速检测[31]。2008 年，Zhang 等[32]利用 THz 时域光谱技术对 MA、MDA、3,4-亚甲二氧基甲基苯丙胺（3,4-methylenedioxymethamphetamine，MDMA）3 种毒品进行了表征，并利用密度泛函理论计算出与实验结果相吻合的结果，同时将其与 THz 成像系统相结合，对多种毒品进行了区分。

7. 太赫兹无损检测在农产品领域的应用

肖春阳等[33]采用太赫兹时域光谱技术测定奶粉中山梨酸钾含量，在室温氮气环境下山梨酸钾在 0.98 THz 处存在明显的特征吸收峰，并采用简单一元线性回归模型对奶粉中山梨酸钾的含量进行了定量分析，结果表明太赫兹时域光谱技术可以应用于奶粉中山梨酸钾含量测定。Hao 等[34]利用太赫兹时域光谱技术分析了除虫脲和氟氯氰菊酯，利用泛函数密度理论模拟方法验证了检测结果，在 0.2～2.2 THz 范围内出现了特征吸收峰，说明该方法可以用于农产品中农药残留的检测。张琪等[35]利用太赫兹时域光谱偏最小二乘法理论，成功实现了对淀粉中丙烯酰胺含量的快速、无损检测。

戚淑叶等[36]采用太赫兹时域光谱无损检测了核桃品质，利用透射和反射式太赫兹时域光谱系统，分别从物理、化学指标光谱响应特征差异入手，实现了太赫兹无损检测核桃品质。赵中原[37]采用太赫兹技术研究了小麦品质无损检测，以正常小麦、虫蚀小麦、发霉小麦和发芽小麦为研究对象，基于多源信息融合的理论，提取多种太赫兹光谱对应频点的值作为证据，实现了对小麦品质的无损检测。Shiraga 等[38]采用太赫兹时域光谱测量了葡萄糖、果糖、蔗糖和海藻糖，研究了氢键在水合状态和结构中的作用。

谢丽娟等[39]将太赫兹时域光谱技术应用于转基因稻米鉴别领域，利用时域光谱的峰谷时间特性成功实现了转基因稻米的快速可靠鉴别。刘建军[40]研究了多种转基因棉花在 0.2～2.0 THz 频段内的太赫兹时域光谱特性，实现了对转基因棉花的有效识别，为转基因棉花品种的鉴别提供了新的方法和思路。在后续研究中，该团队又提出了太赫兹时域光谱技术与劈裂共振环相结合的检测方法，成功实现了对转基因甜菜及其亲本的鉴别。张文涛等[41]对转基因大豆开展了研究，在获取 0.3～1.5 THz 频段内的特征吸收谱基础上，结合主成分特性分析法实现了转基因大豆的快速鉴别，且具有极高的准确度。刘伟等[42]实现了对橄榄油氧化程度的高效检测。

1.2 太赫兹波产生的基本原理

利用大功率激光对特定材料激发，使得光子跃迁而产生宽频脉冲太赫兹波。目前太赫兹波产生方法主要分为光电导天线（photoconductive antenna，PCA）法和光整流法。

1.2.1 光电导天线法

光电导天线包含一个嵌入在天线结构内的快速光激活开关，通常采用由半导体衬底的金属电极的形式，以及一个类似于图 1.3 所示的几何体[43]。当超短激光秒冲照射在两个金属电极的缝隙中，半导体基底材料中的电子将从价带跃迁到导带上，产生光生载流子。这些自由载流子将受到外加偏置电场的作用而加速运动，并向外辐射太赫兹脉冲[44]。

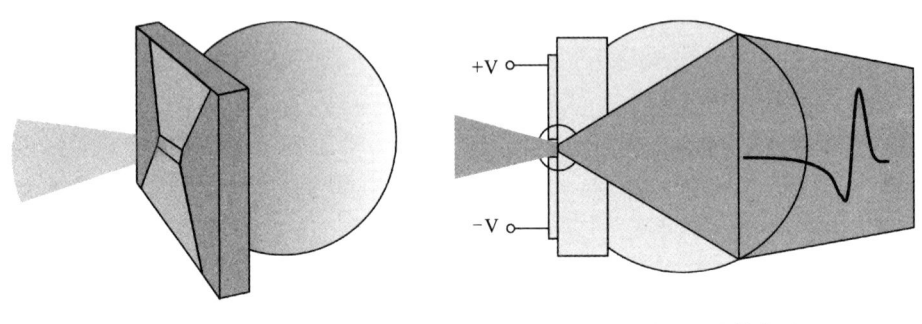

（a）具有蝶形天线的光电导天线　　　　（b）光电导天线横截面

图 1.3　光电导天线示意图

通过光电导天线法产生的太赫兹脉冲辐射强度和带宽等性能主要取决于所选的光电导基底材料、电极几何结构及泵浦激光源。如今已经有很多关于光电导天线所用材料的研究。其中基底材料要求有短的载流子寿命、快的载流子迁移率及高的电阻率。最常用的材料是低温生长的砷化镓（low temperature growth of gallium arsenide，LT-GaAs），其他常用材料包括钛宝石硅、半绝缘的砷化镓（semi-insulated gallium arsenide，SI-GaAs）、磷化铟（indium phosphide，InP）和非晶硅[45]。金属电极通常由接触点、传输线和间隙构成，间隙的几何形状和大小是光电导天线设计的重点。目前常用的天线结构包括平行传输线结构、偶极子天线结构，以及基于偶极子天线结构改进的蝶形、三角形、T 形、正方形盘旋天线结构等[46]。

太赫兹脉冲的辐射强度可以通过电涌流模型（1.1）计算[47]。当光电导天线被飞秒激光所照射时会产生辐射 $E_{\text{T-in}}$，辐射强度和光电流 $J(t)$ 与受照射的光电导天线使用材质的介电常数有着密切的联系，关系式如（1.2）所示。

$$E_{\text{T-in}}(t) = \frac{\eta}{1+\sqrt{\varepsilon}} J(t) \tag{1.1}$$

$$J(t) = \sigma(E_{\text{b}} + E_{\text{T-in}}) = -\frac{\sigma(1+\sqrt{\varepsilon})}{\eta\sigma + (1+\sqrt{\varepsilon})} E_{\text{b}} \tag{1.2}$$

式中：η 为空气的波阻抗；σ 为光电导天线的电导率；E_{b} 为光电导天线两端的偏置电压；ε 为光电导天线的介电常数。太赫兹辐射的远场模型 E_{ff} 可以描述如下：

$$E_{\text{ff}}(t) = \frac{A}{4\pi\varepsilon_0 c^2 r} \frac{\mathrm{d}J(t)}{\mathrm{d}t} \tag{1.3}$$

式中：A 为光电导天线被飞秒激光照射时所对应的截面积；ε_0 为真空环境下的介电常数；c 为光速；r 为天线与观测点之间的间距。

对于德鲁德-洛伦兹（Drude-Lorentz）模型天线电导率，可以用式（1.4）表示其时域特性。

$$\sigma(t) = \exp\left(-\frac{t}{t_0}\right) e \int_{-\infty}^{t} \frac{1-R}{hv} \frac{\mu F}{\tau\sqrt{\pi}} \exp\left(-\frac{t^2}{\tau^2}\right) dt \tag{1.4}$$

式中：t_0 为载流子的寿命；e 为电子电荷量；μ 为瞬态迁移率；F 为单次激光脉冲的能量；τ 为激光脉宽；hv 为光子能量；R 为反射率，$1-R$ 为材料的光吸收比例。太赫兹时域信号产生时间远远大于激光脉冲持续时间，故式（1.4）中的积分项可以近似看作常数，上式可以简化为

$$\sigma(t) \approx \frac{e\mu F}{hv} \exp\left(-\frac{t}{t_0}\right) \tag{1.5}$$

将式（1.5）代入式（1.3）中，可得

$$E_{\text{ff}}(t) = P_1 F E_b \frac{\exp\left(-\dfrac{t}{t_0}\right)\left[P_2 + \exp\left(-\dfrac{t^2}{\tau^2}\right)\right]}{\left[P_3 F + \exp\left(-\dfrac{t}{t_0}\right)\right]^2} \tag{1.6}$$

式中：$P_n(n=1, 2, 3)$ 为不包括脉冲能量 F 和偏置电压 E_b 在内的常量，P_1 为初始响应强度，P_2 为太赫兹脉冲的初始衰减速率，P_3 为衰减常数。基于上式可以发现，电场辐射强度与光电流导数成正比，基于光电导天线法得到的太赫兹脉冲频谱宽度通常位于 0~2 THz 的区间内。

1.2.2 光整流法

利用光整流法产生太赫兹波的原理是基于光整流效应，如图 1.4 所示。光整流效应是指非线性晶体在单色激光照射的情况下，其内部的分子会出现差频振荡的情况，进而有电极化场形成的光学现象。

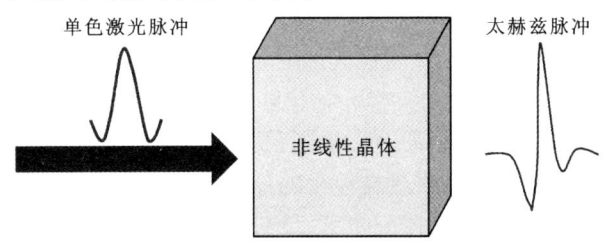

图 1.4 光整流法原理图

具体的数学表达式为

$$P(0) = \varepsilon_0 \chi^{(2)}(\omega' - \omega, 0) \cdot E(\omega) E^*(-\omega) \tag{1.7}$$

式中：P 为电极化场的强度矢量；"0" 为零频率；ε_0 为真空环境下的介电常数；$\chi^{(2)}$ 为非线性介质的极化率；ω 为基频；ω' 为输入频率；$E(\omega)$ 为单色激光照射时的光学电场强度对应的傅里叶变换；$E^*(-\omega)$ 为 $(-\omega)$ 频率分量的共轭复数，对应相位共轭波。

由傅里叶变换原理可知，在非线性晶体中飞秒激光脉冲的传播过程可以看作一系列单色激光束的传播，差频振荡效应会随着时变电极化场而形成，这些单色激光束在非线性晶体中将会向外界辐射太赫兹波。如式（1.8）所示，辐射的太赫兹波与极化场及时间的二阶导数成正比。

$$E(t) \propto \frac{\partial^2}{\partial t^2} P(t) = \chi^{(2)} \frac{\partial^2 I(t)}{\partial t^2} \tag{1.8}$$

式中：$I(t)$ 为入射光强度随时间的变化。

当激光脉冲达到亚皮秒量级时，晶体辐射的电磁波为太赫兹频段，产生的太赫兹波带宽较大。不过用光整流法产生的太赫兹波与入射的激光能量有关，利用光整流法产生的太赫兹波能量一般比光电导天线法产生的能量小。

1.3 太赫兹波传播的基本原理

当电磁波在介质内部传播时会出现损耗，如传播时会出现散射损耗、吸收损耗及在电磁波穿过介质界面时出现反射损耗。从微观角度看，介质的分子或原子在电磁波电场的作用下可能产生极化现象，并随着电磁波出现一定频率的振动，这时将有振动偶极子形成，此时各个方向都会出现辐射，进而有散射的现象产生，即电磁波从不均匀介质中穿过时，其中的一些光会出现与原方向有偏差的传播[1]。

当太赫兹波从空气中入射到受检测的介质内部时的传播和散射规律可以统一利用电磁波在随机介质中的传播和散射理论来解释。随机介质通常根据介质中颗粒的稀疏程度分为稀相介质和稠密相介质。当分散在均匀介质中的微小颗粒之间的距离足够大时，可以近似认为每一个颗粒的散射不会受到其他颗粒的影响。此时可以通过研究单一颗粒的散射特性，将总的散射场强近似为单个颗粒散射场强的叠加，这种散射特性统称为不相关散射。但是如果随机介质中有大量无规则杂乱分布的颗粒，就应该考虑不同颗粒散射场之间的相互影响，这种散射特性称为相关散射[48]。Kerker[49]指出颗粒间的距离大于颗粒粒径的三倍是保证不相关散射的条件。

散射的电磁波的大小和具体分布可以通过麦克斯韦（Maxwell）方程散射体及其周边介质对应的边界条件求解获得，但是严格求解法存在较多限制，对一些复杂问题难以获得精确结果。德国学者 Mie[50]根据麦克斯韦电磁波理论对电磁波被均匀介质中任意粒径的各向同性颗粒散射的情形进行了求解。

由图 1.5 可知，在 Z 轴方向有一束强度为 I_0 完全偏振的平行电磁波入射到球形颗粒上。此时电场矢量 E 的振动是沿着球形颗粒的 X 轴，散射波的散射角为 θ，入射波与散射波形成散射平面，入射振动面与散射面之间的夹角为 φ。

在足够远的远场区域，散射电场的径向分量与切向分量相比可以忽略不计，因此散射场实际上可以认为是横波，此时垂直于散射面和平行于散射面的散射电磁波强度 E_r 和 E_l 分别为

$$E_r = -E_\varphi = H_\theta = -\frac{i}{kr}e^{-ikr+i\omega t}\sin\varphi S_1(\theta) \quad (1.9)$$

$$E_l = E_\theta = H_\varphi = -\frac{i}{kr}e^{-ikr+i\omega t}\cos\varphi S_2(\theta) \quad (1.10)$$

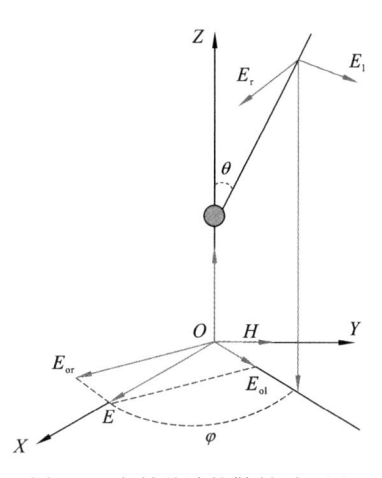

图 1.5 太赫兹波的散射原理图

式中：k 为电磁波周围介质内的波数，是一个常数，取值为 $2\pi/\lambda$；r 为从测量点到球形颗粒之间的距离；$S_1(\theta)$ 和 $S_2(\theta)$ 为米氏散射（Mie scattering）系数，该系数由式（1.11）和式（1.12）求得

$$S_1(\theta) = \sum_{n=1}^{\infty}\frac{2n+1}{n(n+1)}[a_n\pi_n(\cos\theta) + b_n\tau_n(\cos\theta)] \quad (1.11)$$

$$S_2(\theta) = \sum_{n=1}^{\infty}\frac{2n+1}{n(n+1)}[b_n\pi_n(\cos\theta) + a_n\tau_n(\cos\theta)] \quad (1.12)$$

式中：θ 为入射波和散射方向之间的夹角；π_n 和 τ_n 是以 $\cos\theta$ 为自变量的散射角函数；a_n、b_n、π_n、τ_n 分别为

$$a_n = \frac{\psi_n(x)\psi_n'(mx) - m\psi_n'(x)\psi_n(mx)}{\xi_n(x)\psi_n'(mx) - m\xi_n'(x)\psi_n(mx)} \quad (1.13)$$

$$b_n = \frac{m\psi_n(x)\psi_n'(mx) - \psi_n'(x)\psi_n(mx)}{m\xi_n(x)\psi_n'(mx) - \xi_n'(x)\psi_n(mx)} \quad (1.14)$$

$$\pi_n = \frac{P_L^{(1)}(\cos\theta)}{\sin\theta} \quad (1.15)$$

$$\tau_n = \frac{d}{d\theta}P_L^{(1)}(\cos\theta) \quad (1.16)$$

式中：$x = \frac{2\pi a}{\lambda}$ 为球形颗粒的几何尺寸参数，a 为球形颗粒半径，λ 为入射电磁波的波长；$P_L^{(1)}$ 为一阶 L 次缔合勒让德函数；$\psi_n(x)$ 和 $\xi_n(x)$ 分别用式（1.17）和

式（1.18）表示：

$$\psi_n(z) = \sqrt{\frac{z\pi}{2}} \cdot J_{(n+1)/2}(z) \quad (1.17)$$

$$\xi_n(z_k) = \sqrt{\frac{z\pi}{2}} \cdot [J_{(n+1)/2}(z_k) - iY_{(n+1)/2}(z_k)] \quad (1.18)$$

式中：$J_{(n+1)/2}(z_k)$ 为第一类贝塞尔函数；$Y_{(n+1)/2}(z)$ 为第二类贝塞尔函数；$z=x$，$z_k=mx$，则有

$$\psi_n'(z) = \psi_{n-1}(z) - \frac{n}{z}\psi_n(z) \quad (1.19)$$

$$\xi_n'(z_k) = \xi_{n-1}(z_k) - \frac{n}{z}\xi_n(z_k) \quad (1.20)$$

分别令 $n=0$ 和 $n=1$，并代入式（1.17）和式（1.18）中，这样可以求出 a_n 和 b_n 内的参变量函数在级数一、二内的初始值：

$$\psi_0(z) = \sin z \quad (1.21)$$

$$\xi_0(z_k) = \sin z_k + i\cos z_k \quad (1.22)$$

$$\psi_1(z) = \frac{1}{z}\sin z - \cos z \quad (1.23)$$

$$\xi_1(z_k) = \frac{1}{z}(\sin z_k + i\cos z_k) - (\sin z_k - i\cos z_k) \quad (1.24)$$

以式（1.21）到式（1.24）为初值对式（1.15）到式（1.20）进行递推，可以得到

$$\pi_{n+1}(\cos\theta) = \cos\theta \cdot \frac{2n+1}{n} \cdot \pi_n(\cos\theta) - \frac{n+1}{n}\pi_{n-1}(\cos\theta) \quad (1.25)$$

$$\tau_n(\cos\theta) = n[\cos\theta \cdot \pi_n(\cos\theta) - \pi_{n-1}(\cos\theta)] - \pi_{n-1}(\cos\theta) \quad (1.26)$$

分别令 $n=0$ 和 $n=1$，并代入式（1.25）和式（1.26）中，能够得到 $\pi_0=0$ 及 $\pi_1=1$，进而得到各阶散射系数，并据此得到散射截面及散射振幅。

1.4　太赫兹波在介质中的折反射与吸收

太赫兹波在介质中的传播过程符合光的折反射定律，在两介质界面传播时，两侧介质折射率的差异，会使得太赫兹波产生反射波与折射波。通常，电磁波在界面处的传播可以由麦克斯韦方程确认，介质的界面特性将从根本上影响太赫兹波在界面中的传播过程。如图 1.6（a）所示，太赫兹波从介质 1 入射到介质 2，产生反射和透射太赫兹波，分别用波矢量 k、k' 和 k'' 表示入射波、反射波和透射

波。太赫兹波入射、反射和透射时的电场分别记为 E、E' 和 E''，并可以分解为与入射平面平行的 E_p、E_p' 和 E_p'' 及与入射平面垂直的 E_s、E_s' 和 E_s''。根据麦克斯韦方程，p 偏振和 s 偏振太赫兹波的反射和透射系数由下式给出：

$$\begin{cases} r_p = \dfrac{\tilde{n}_2 \cos\theta_1 - \tilde{n}_1 \cos\theta_2}{\tilde{n}_2 \cos\theta_1 + \tilde{n}_1 \cos\theta_2} \\ r_s = \dfrac{\tilde{n}_1 \cos\theta_1 - \tilde{n}_2 \cos\theta_2}{\tilde{n}_1 \cos\theta_1 + \tilde{n}_2 \cos\theta_2} \end{cases} \tag{1.27}$$

$$\begin{cases} t_p = \dfrac{2\tilde{n}_1 \cos\theta_1}{\tilde{n}_2 \cos\theta_1 + \tilde{n}_1 \cos\theta_2} \\ t_s = \dfrac{2\tilde{n}_1 \cos\theta_1}{\tilde{n}_1 \cos\theta_1 + \tilde{n}_2 \cos\theta_2} \end{cases} \tag{1.28}$$

式中：$\tilde{n}_1$ 和 $\tilde{n}_2$ 分别为介质 1 和介质 2 的复折射率；θ_1 和 θ_2 分别为入射角和折射角。

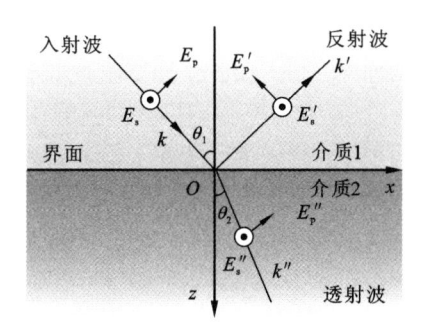

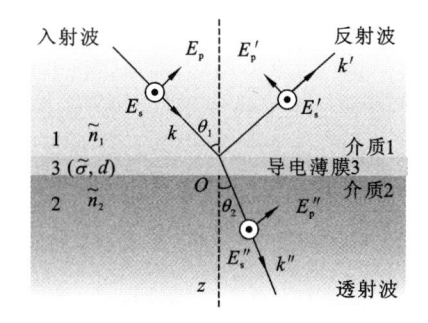

（a）太赫兹波在介质1/介质2界面的反射和透射

（b）太赫兹波在由导电薄膜3分隔开的介质1/介质2处的反射和透射

图 1.6　太赫兹波在不同介质界面的反射和透射原理图

如图 1.6（b）所示，当在介质 1 和介质 2 之间插入一层具有复电导率 $\tilde{\sigma}(\omega)$ 的半金属或者金属薄膜改变界面处的反射和透射，那么 p 偏振和 s 偏振太赫兹波的反射和透射系数都发生了变化[51]，表示为

$$\begin{cases} r_p = \dfrac{\tilde{n}_1 \cos\theta_2 - \tilde{n}_2 \cos\theta_1 - \cos\theta_1 \cos\theta_2 Z_0 \tilde{\sigma} d}{\tilde{n}_1 \cos\theta_2 + \tilde{n}_2 \cos\theta_1 + \cos\theta_1 \cos\theta_2 Z_0 \tilde{\sigma} d} \\ r_s = \dfrac{\tilde{n}_1 \cos\theta_1 - \tilde{n}_2 \cos\theta_2 - Z_0 \tilde{\sigma} d}{\tilde{n}_1 \cos\theta_1 + \tilde{n}_2 \cos\theta_2 + Z_0 \tilde{\sigma} d} \end{cases} \tag{1.29}$$

$$\begin{cases} t_p = \dfrac{2\tilde{n}_1 \cos\theta_1}{\tilde{n}_1 \cos\theta_2 + \tilde{n}_2 \cos\theta_1 + \cos\theta_1 \cos\theta_2 Z_0 \tilde{\sigma} d} \\ t_s = \dfrac{2\tilde{n}_1 \cos\theta_1}{\tilde{n}_1 \cos\theta_1 + \tilde{n}_2 \cos\theta_2 + Z_0 \tilde{\sigma} d} \end{cases} \tag{1.30}$$

从上式可以看出，反射和透射的太赫兹波与来自式（1.27）和式（1.28）的材料的界面性质有关，其反映太赫兹波在反射或透射过程中在界面处传播的机理。

当太赫兹波从光密介质传播到光疏介质时，通过具有导电性的薄膜可以抑制光密介质中的内反射，即界面阻抗匹配效应[52]。为了实现零内反射，式（1.29）中的反射系数必须满足条件$|r|=0$，此时在 p 偏振和 s 偏振 THz 波垂直入射的情况下，方程（1.29）可以简化为

$$\tilde{\sigma}_{IM}(\omega) = [n_{air}(\omega) - \tilde{n}_{sub}(\omega)] / Z_0 d \tag{1.31}$$

其中，式（1.29）的折射率 $\tilde{n}_1$ 由空气折射率 $n_{air}(\omega)$ 代替，基底的复折射率 $\tilde{n}_2$ 由 $\tilde{n}_{sub}(\omega)$ 代替。

当导电薄膜的电导率等于阻抗匹配条件下的预测电导率，即 $\tilde{\sigma}(\omega) = \tilde{\sigma}_{IM}(\omega)$ 时，内反射被抑制，使得 $|r|=0$。当导电薄膜的电导率满足 $\tilde{\sigma}(\omega) < \tilde{\sigma}_{IM}(\omega)$，反射系数具有 $r_p > 0$ 的关系，这表明内反射和主透射（或反射）太赫兹脉冲具有相同的相位。当 $\tilde{\sigma}(\omega) > \tilde{\sigma}_{IM}(\omega)$ 时，THz 脉冲的内反射和主透射（或反射）之间发生 π 相移。也就是说，π 相移是阻抗匹配现象的典型特征[53]。因此，一个阻抗匹配层与可调导是实现界面阻抗匹配效应的关键。

如图 1.7 所示，超材料的亚波长结构表面（超表面）可以改变太赫兹波在界面处的反射和透射，从而引起反常反射和反常透射。

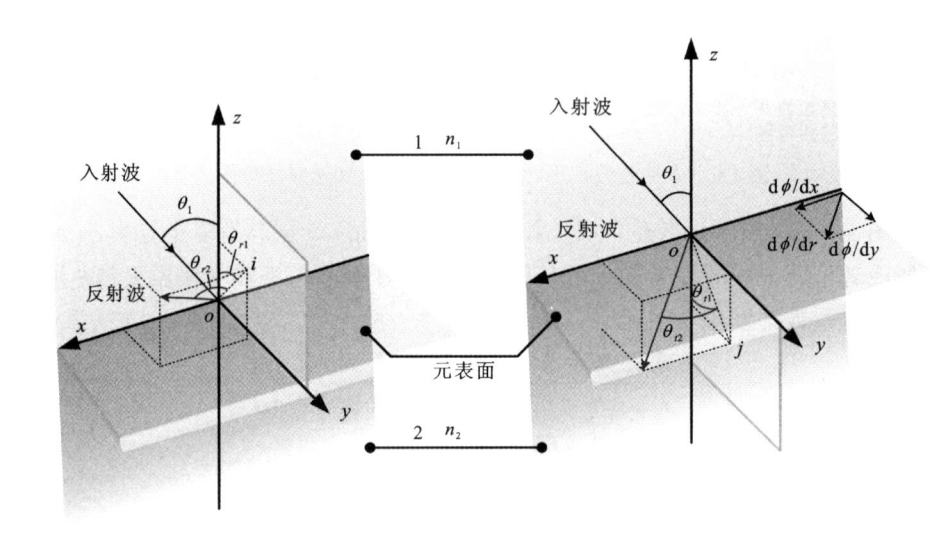

图 1.7 太赫兹波在超表面界面处的反射和透射原理图

$$\sin\theta_{r2} - \sin\theta_1 = \frac{1}{n_1 k_0}\frac{d\phi}{dx}, \quad \cos\theta_{r2}\sin\theta_{r1} = \frac{1}{n_1 k_0}\frac{d\phi}{dy} \tag{1.32}$$

$$n_2 \sin\theta_{t2} - n_1 \sin\theta_{t1} = \frac{1}{k_0}\frac{\mathrm{d}\phi}{\mathrm{d}x}, \quad \cos\theta_{t2}\sin\theta_{t1} = \frac{1}{n_2 k_0}\frac{\mathrm{d}\phi}{\mathrm{d}y} \tag{1.33}$$

式中：θ_i 为入射角；θ_{r1} 为 z 轴与反射波在 yoz 平面上的投影线 oi 之间的夹角；θ_{r2} 为投影线 oi 与反射光束之间的夹角，θ_{r1} 和 θ_{r2} 共同定义反射角；θ_{t1} 为 z 轴和投影线 oj 之间的夹角，投影线 oj 是透射光束在 yoz 平面上的投影；θ_{t2} 为投影线 oj 和透射光束之间的夹角，θ_{t1} 和 θ_{t2} 共同定义反射角；n_1 和 n_2 分别为介质 1 和介质 2 的折射率；k_0 为自由空间中波矢量的大小；$\mathrm{d}\phi/\mathrm{d}x$ 和 $\mathrm{d}\phi/\mathrm{d}y$ 是由平行和垂直于入射平面的元表面引起的相位梯度。

从方程（1.32）和（1.33）的广义斯涅尔（Snell）定律可以看出，由元表面引起的相位梯度同时决定了在不同介质界面上沿任意方向传播的异常反射和透射光束。因此，元表面可以根据亚波长和空间变化的几何参数，如形状、尺寸、周期性和方向，改变空间光学响应[54]。

1.5 太赫兹检测系统

太赫兹检测系统通常包含机械、电子和光学构件，如二维扫描控制台、太赫兹发生器、飞秒激光器等。太赫兹时域光谱系统的工作原理主要为：由飞秒激光器发射飞秒激光脉冲，该脉冲被分束镜分解为泵浦光和探测光。泵浦光在光纤延迟线及光学器件的作用下向施加有偏置电压的光电导天线进行入射，产生太赫兹脉冲波。通过抛物面镜准直和聚焦太赫兹脉冲波，太赫兹波的入射角经过调整后通过半透镜入射在受检试件表面。反射的太赫兹脉冲波与探测光共线进入太赫兹探测器，太赫兹探测器将采集到的信号发送到上位机进行数据的分析和处理。通过记录太赫兹信号在各个时间点对应的电压大小，绘制该信号对应的时域波形，然后对得到的信号进行傅里叶变换即可得出太赫兹波光谱所对应的各种物理化学信息。根据实验装置上的差异，太赫兹检测系统主要分为透射式太赫兹检测系统和反射式太赫兹检测系统，基于不同测试需求可以采取不同的检测方式。

1.5.1 透射式太赫兹检测系统

如图 1.8 所示，该系统主要由飞秒激光器、太赫兹波探测器和机械时延模块组成。通过分束镜可以将由飞秒激光器产生的激光脉冲进行分束处理，进而得到探测光和泵浦光。机械时延模块将对泵浦光的光路进行延长使其传送至斩波器进行调制处理，泵浦光被调制之后会射入光电导天线中，得到太赫兹脉冲。离轴抛物面镜会对太赫兹脉冲进行聚焦处理并使其从受检样品中穿过，然后再次在离轴抛物面镜的作用下进行聚焦，与探测光实现向非线性光学晶体的入射。因为在持续时间上太赫兹脉冲是远远大于探测脉冲的，所以利用机械时延模块对太赫兹脉冲和探测脉冲的到达时间差进行调整，进而得到电场强度[1]。

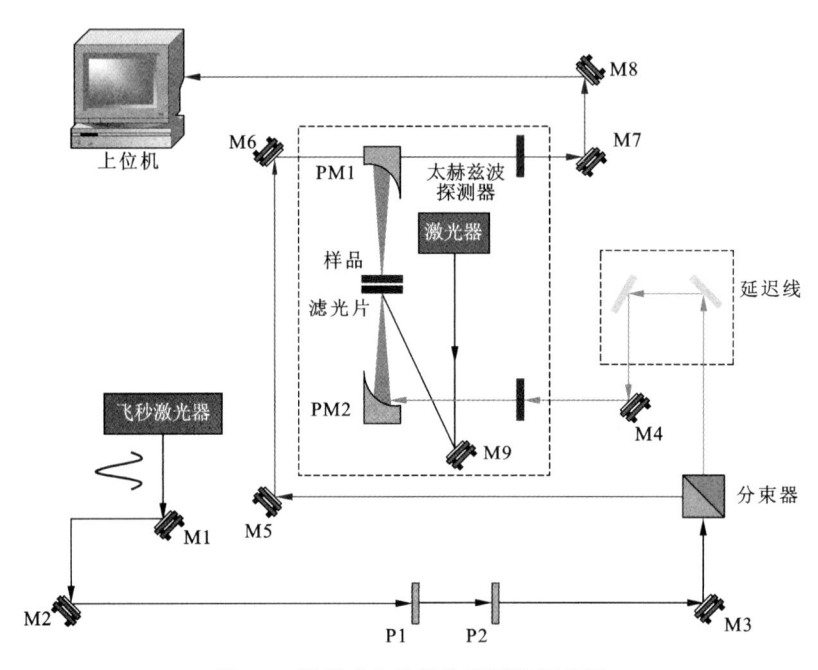

图 1.8 透射式太赫兹检测系统原理图

1.5.2 反射式太赫兹检测系统

图 1.9 为反射式太赫兹检测系统原理图，图中入射角 θ_a 表示太赫兹发射器与样品垂直线的夹角。

反射式太赫兹检测系统主要是基于受检样品对太赫兹波的反射进行检测，即照射样品和接收信号的方式与透射式太赫兹检测系统不同。当对一些能够强烈吸收太赫兹波的样品进行检测时，为了避免因样品吸收太赫兹波而导致太赫兹信号产生严重的衰减，通常采用对相位变化极为敏感的反射式太赫兹检测系统进行检测。除此之外，相比于反射式太赫兹检测系统，透射式太赫兹检测系统不存在相位敏感等问题，光路易于调节，能够获得较高的信噪比，因此使用最为广泛[55]。

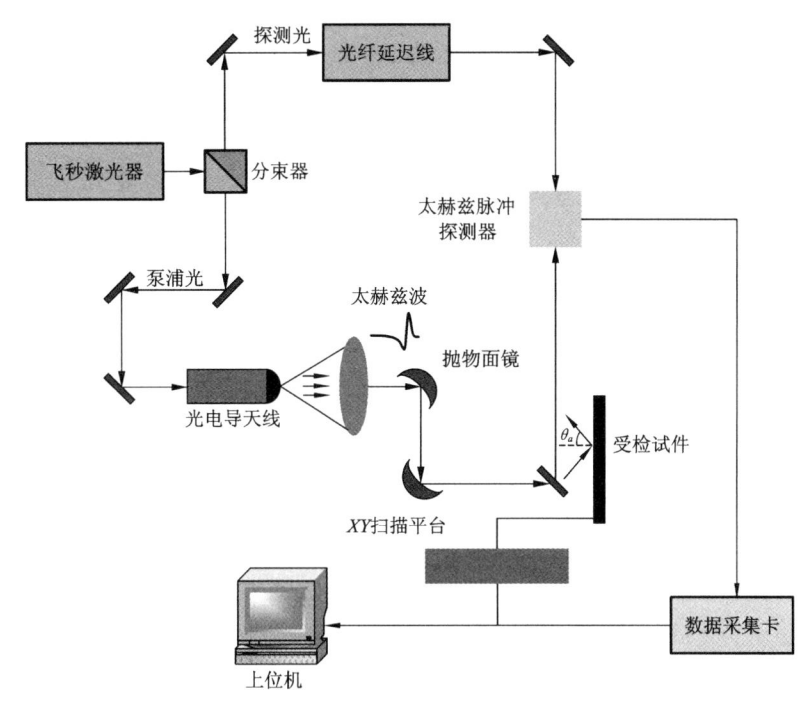

图 1.9 反射式太赫兹检测系统原理图

反射式太赫兹检测系统主要由光纤耦合太赫兹光谱仪主机、XY扫描控制器、XY扫描平台、角度可调测量探头、透明气密屏蔽、上位机等部分组成。系统的工作原理为：基于光纤耦合太赫兹光谱仪主机生成和采集太赫兹脉冲信号，利用XY扫描平台和控制器使用逐点扫描来检测样品，角度可调测量探头用于调整太赫兹脉冲波的入射角，透明气密屏蔽用于隔离外部水蒸气和其他因素的影响，通过上位机控制软件设置检测系统的参数，并分析和处理采集的信号[56]。

与透射式太赫兹检测系统相比，反射式太赫兹检测系统对操作要求和实验设备的要求更为严格，在进行太赫兹检测时，受检样品和实验设备都不能随便移动位置，就算光路结构只有微小改变也会对折射率造成较为显著的影响，使得接收信号产生一定的损失。

如图 1.10 所示，反射式系统光路主要分为垂直入射式、斜入射式及衰减全反射式三类模型。不同的光路模型具有不同的特点，垂直入射式系统的光学路径最为简单，但是考虑到会有半透射式反光镜，太赫兹波的功率利用率较低，同时可能会存在较大的噪声污染。斜入射式系统没有反光镜，因此信噪比较高，但是相对比较复杂的光路可能导致较大的系统误差。衰减全反射式系统的优势是检测过程中可以直接使用透射模式，但是棱镜表面可能会出现反射，这样在检测过程中太赫兹波就会出现能量损失。

(a) 垂直入射式

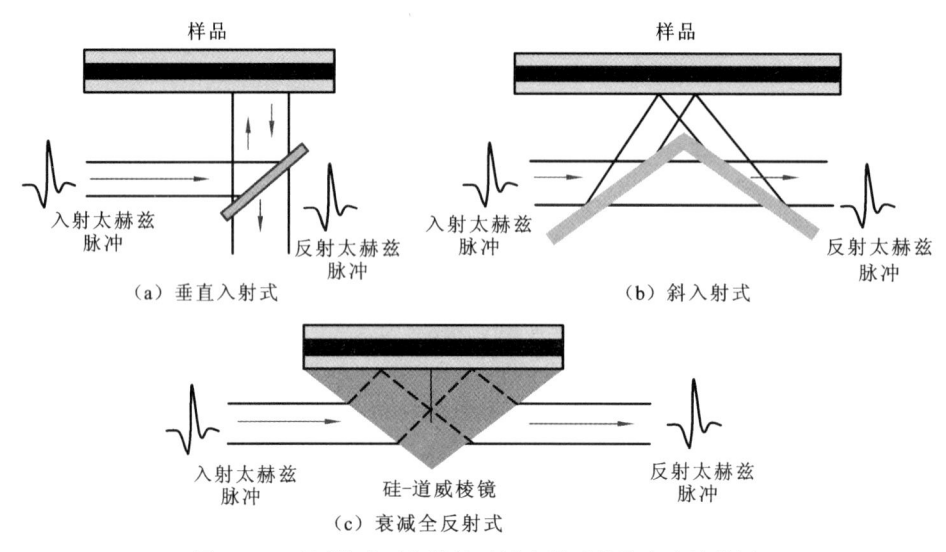

(b) 斜入射式

(c) 衰减全反射式

图 1.10 不同模式下太赫兹时域光谱系统的光路结构图

从结构上看，反射式太赫兹检测系统与透射式太赫兹检测系统的光学组件都是一致的，只是在光路上有所差异，反射式太赫兹检测系统需要将太赫兹信号入射到受检试件表面，然后在特定的角度接收反射信号，这一点对发射器、探测器的角度及光路都有较为严格的要求，对元器件、工作人员的操作要求也较高。整个系统任一光路的任何微小变动都有可能给测试结果带来较大的影响，由角度偏差、系统光路的变动给反射式太赫兹检测系统带来的相位误差和幅值衰减是反射式太赫兹检测系统的瓶颈。

虽然反射式太赫兹检测系统存在上述缺点，但是在受检测的对象为极性较大的样品、较厚的样品及存在多层结构的样品时具有不可替代的优势。两种系统的详细比较如表 1.1 所示。

表 1.1 透射式与反射式太赫兹检测系统比较

对比项	透射式	反射式		
		垂直入射式	斜入射式	衰减全反射式
系统误差	低于反射式	较大	大	较大
系统能量	高于反射式	低	较高	低
噪声	低于反射式	大	小	小
应用场景	较薄、对太赫兹波吸收较弱的样品	较厚或对太赫兹波吸收较强的样品		
是否可以测层状结构	否	是		

参 考 文 献

[1] 李猛. 基于太赫兹技术的变压器绝缘油的检测与分析[D]. 徐州: 中国矿业大学, 2019.

[2] Lim J Y, Chiew Y S, Phan R C W, et al. Enhancing single-pixel imaging reconstruction using hybrid transformer network with adaptive feature refinement[J]. Optics Express, 2024, 32(18): 32370-32386.

[3] Kang S B, Kim W S, Chung D C, et al. Degradation diagnosis of transformer insulating oils with terahertz time-domain spectroscopy[J]. Journal of the Korean Physical Society, 2017, 71(12): 986-992.

[4] 蒋强, 王玥, 文哲, 等. 太赫兹时域光谱技术的变压器油低水含量检测[J]. 光谱学与光谱分析, 2018, 38(4): 1049-1052.

[5] 孔旭晖, 宗鹏锦, 李宗红, 等. 变压器油中水含量的太赫兹时域光谱检测[J]. 广东化工, 2021, 48(16): 240-242.

[6] Wang T, Yin J, Cheng L, et al. The study of novel method to measure moisture content in transformer oil based on terahertz technology[C]// 2020 IEEE International Conference on High Voltage Engineering and Application (ICHVE). Beijing, China, IEEE, 2020: 1-4.

[7] 成立, 夏彦卫, 高树国, 等. 太赫兹时域光谱技术在绝缘纸板微水含量检测中的应用分析[J]. 智慧电力, 2020, 48(8): 104-109.

[8] 王亮. 基于太赫兹时域光谱的变压器绝缘油纸老化状态检测[D]. 重庆: 西南大学, 2020.

[9] Lee I S, Lee J W. Effects of thermal aging on cellulose pressboard using terahertz time-domain spectroscopy[J]. Current Applied Physics, 2019, 19(11): 1145-1149.

[10] Wang L, Tang C, Zhu S, et al. Terahertz time domain spectroscopy of transformer insulation paper after thermal aging intervals[J]. Materials, 2018, 11(11): 2124.

[11] 张中浩, 梅红伟, 刘建军, 等. 基于太赫兹波的复合绝缘子界面检测研究[J]. 中国电机工程学报, 2020, 40(3): 989-999.

[12] Zhang Z H, Wang L M, Mei H W, et al. Quantitative detection of interfacial air gap in insulation equipment based on terahertz wave contrast method[J]. IEEE Transactions on Instrumentation and Measurement, 2019, 68(12): 4896-4905.

[13] Cheng L, Wang L, Mei H, et al. Research of nondestructive methods to test defects hidden within composite insulators based on THz time-domain spectroscopy technology[J]. IEEE Transactions on Dielectrics and Electrical Insulation, 2016, 23(4): 2126-2133.

[14] 谢声益, 杨帆, 黄鑫, 等. 基于太赫兹时域光谱技术的交联聚乙烯电缆绝缘层气隙检测分析[J]. 电工技术学报, 2020, 35(12): 2698-2707.

[15] Gallerano G P, Doria A, Germini M, et al. Phase-sensitive reflective imaging device in the mm-wave and terahertz regions[J]. Journal of Infrared, Millimeter, and Terahertz Waves, 2009, 30(12): 1351-1361.

[16] Abraham E, Younus A, El Fatimy A, et al. Broadband terahertz imaging of documents written with lead pencils[J]. Optics Communications, 2009, 282(15): 3104-3107.

[17] Krügener K, Ornik J, Schneider L M, et al. Terahertz inspection of buildings and architectural art[J]. Applied Sciences, 2020, 10(15): 5166.

[18] 董勇, 董丽娟, 席浩焱, 等. 云冈石窟风化检测研究进展[J]. 文物保护与考古科学, 2024, 36(3): 160-172.

[19] Bardon T, May R K, Taday P F, et al. Systematic study of terahertz time-domain spectra of historically informed black inks[J]. Analyst, 2013, 138(17): 4859-4869.

[20] Labaune J, Jackson J B, Fukunaga K, et al. Investigation of Terra Cotta artefacts with terahertz[J]. Applied Physics A, 2011, 105(1): 5-9.

[21] 李钊. 太赫兹时域光谱在脑缺血和脑胶质瘤探测中的应用研究[D]. 重庆: 第三军医大学, 2014.

[22] 张章, 孟坤, 朱礼国, 等. 缺血大鼠脑组织的太赫兹波吸收特性研究[J]. 激光技术, 2016, 40(3): 372-376.

[23] Oh S J, Kim S H, Ji Y B, et al. Study of freshly excised brain tissues using terahertz imaging[J]. Biomedical Optics Express, 2014, 5(8): 2837-2842.

[24] Meng K, Chen T N, Chen T, et al. Terahertz pulsed spectroscopy of paraffin-embedded brain glioma[J]. Journal of Biomedical Optics, 2014, 19(7): 1-6.

[25] 宝日玛, 赵昆, 滕学明, 等. 地沟油的太赫兹波段光谱特性研究[J]. 中国油脂, 2013, 38(4): 61-65.

[26] 詹洪磊, 宝日玛, 戈立娜, 等. 利用太赫兹技术和统计方法鉴别地沟油[J]. 中国油脂, 2015, 40(4): 52-54.

[27] Zhao G Z, Wang H, Liu L M, et al. THz spectra of parabens at low temperature[J]. Science China Information Sciences, 2012, 55(1): 114-119.

[28] 张曼, 蔡禾, 沈京玲. 食品添加剂特丁基对苯二酚的太赫兹光谱及其检测分析[J]. 光谱学与光谱分析, 2011, 31(7): 1809-1813.

[29] 夏燚, 杜勇, 张慧丽, 等. 增白剂中吊白块含量的太赫兹光谱定性与定量检测[J]. 中国粮油学报, 2015, 30(2): 103-106.

[30] Kemp M C, Taday P F, Cole B E, et al. Security applications of terahertz technology[C]// Terahertz for Military and Security Applications. Orlando. SPIE, 2003, 5070: 44-52.

[31] Li N, Shen J L, Lu M H, et al. Non-destructive inspections of illicit drugs in envelope using

Terahertz time-domain spectroscopy[C]// Fourth International Conference on Photonics and Imaging in Biology and Medicine. Tianjin, China. SPIE, 2006, 6047: 692-699.

[32] Zhang C, Mu K, Jiang X, et al. Identification of explosives and drugs and inspection of material defects with THz radiation[C]// Terahertz Photonics. Beijing, China. SPIE, 2008, 6840: 162-171.

[33] 肖春阳, 李鹏鹏, 葛宏义. 奶粉中山梨酸钾的太赫兹光谱检测[J]. 太赫兹科学与电子信息学报, 2017, 15(5): 728-732.

[34] Hao G H, Guo C S, Du Y, et al. Investigation of diflubenzuron and λ-cyhalothrin by terahertz spectroscopy and density functional theory[C]// International Photonics and Optoelectronics Meetings. Wuhan. OSA, 2012: SF4A. 6.

[35] 张琪, 方虹霞, 张慧丽, 等. 太赫兹时域光谱技术测定淀粉中的丙烯酰胺[J]. 中国食品学报, 2017, 17(3): 276-281.

[36] 戚淑叶, 张振伟, 赵昆, 等. 太赫兹时域光谱无损检测核桃品质的研究[J]. 光谱学与光谱分析, 2012, 32(12): 3390-3393.

[37] 赵中原. 基于THz技术的小麦品质无损检测研究[D]. 郑州: 河南工业大学, 2016.

[38] Shiraga K, Ogawa Y, Kondo N, et al. Evaluation of the hydration state of saccharides using terahertz time-domain attenuated total reflection spectroscopy[J]. Food Chemistry, 2013, 140(1-2): 315-320.

[39] 谢丽娟, 徐文道, 应义斌, 等. 太赫兹波谱无损检测技术研究进展[J]. 农业机械学报, 2013, 44(7): 246-255.

[40] 刘建军. 太赫兹时域光谱技术在转基因物质检测上的识别方法研究[D]. 西安: 西安电子科技大学, 2015.

[41] 张文涛, 李跃文, 占平平, 等. 基于太赫兹时域光谱技术与PCA-SVM的转基因大豆油鉴别研究[J]. 红外与激光工程, 2017, 46(11): 159-164.

[42] 刘伟, 刘长虹, 余俊杰, 等. 基于时域太赫兹光谱技术的橄榄油氧化程度检测研究[J]. 南方农机, 2021, 52(5): 5-7, 17.

[43] Peiponen K E, Zeitler J A, Makoto K G. 太赫兹光谱与成像[M]. 崔万照, 等译. 北京: 国防工业出版社, 2016.

[44] Auston D H, Cheung K P, Smith P R. Picosecond photoconducting Hertzian dipoles[J]. Applied physics letters, 1984, 45(3): 284-286.

[45] 臧子漪. 植物叶片水状态的太赫兹无损检测方法研究[D]. 长春: 吉林大学, 2022.

[46] Burford N M, El-Shenawee M O. Review of terahertz photoconductive antenna technology[J]. Optical Engineering, 2017, 56(1): 010901.

[47] 王洁. 基于太赫兹时域光谱技术的材料超分辨层析成像研究[D]. 长春: 吉林大学, 2022.

[48] 刘亦安. 基于太赫兹技术的多相流检测研究[D]. 杭州: 浙江大学, 2010.

[49] Kerker M. The scattering of light and other electromagnetic radiation[M]. New York: Academic Press, 1969.

[50] Mie G. Beiträge zur optik trüber medien, speziell kolloidaler metallösungen[J]. Annalen Der Physik, 1908, 330(3): 377-445.

[51] Zhou Y X, Yiwen E, Zhu L P, et al. Terahertz wave reflection impedance matching properties of graphene layers at oblique incidence[J]. Carbon, 2016, 96: 1129-1137.

[52] Thoman A, Kern A, Helm H, et al. Nanostructured gold films as broadband terahertz antireflection coatings[J]. Physical Review B, 2008, 77(19): 195405.

[53] Ma G H, Li D, Ma H, et al. Carrier concentration dependence of terahertz transmission on conducting ZnO films[J]. Applied Physics Letters, 2008, 93(21): 211101.

[54] Du W Y, Huang Y Y, Zhou Y X, et al. Terahertz interface physics: From terahertz wave propagation to Terahertz wave generation[J]. Journal of Physics D: Applied Physics, 2022, 55(22): 223002.

[55] 于洋. 样品非标准形态对太赫兹透射光谱的影响研究[D]. 北京: 北京科技大学, 2022.

[56] Li J J, Yang L J, He Y X, et al. Terahertz nondestructive testing method of oil-paper insulation debonding and foreign matter defects[J]. IEEE Transactions on Dielectrics and Electrical Insulation, 2021, 28(6): 1901-1908.

第 2 章 太赫兹检测技术

2.1 太赫兹光谱分析原理

太赫兹时域光谱技术作为一种光谱分析技术，如今已经取得了非常广泛的应用，在检测过程中，其时间分辨率能够达到皮秒量级，频带宽度可以达到几十太赫兹。太赫兹时域光谱技术是以随时间变化的太赫兹电磁场出现的变化作为测量对象，其不仅能够获得被测样品的相位和幅值信息，还可以得到样品的分子振动等信息，因此太赫兹时域光谱内涵盖的光谱信息是极为丰富的。大分子的振动及分子间的相互作用，其能量均处在太赫兹频段，因此太赫兹时域光谱技术可以通过光学参数分析及识别物质的物理特性及化学结构。

在对样品进行太赫兹检测的过程中可以获得吸收系数、介电常数、消光系数、介质损耗、电导率及折射率等多种光电参数。作为频率的函数，光学参数和频率间存在色散关系。光学参数能够用于反映跃迁及其概率、物质分子与原子所处的状态、空穴与电子的分布等，因此，太赫兹时域光谱的光学参数对研究材料的微观性质和机理具有非常重要的作用。

对太赫兹透射时域光谱而言，其光学参数提取法如下：①先对从空白样品及实验样品中穿过的太赫兹时域光谱进行测量，得到参考信号和样品信号；②针对上述两种信号展开傅里叶变换，得出对应的传递函数；③针对传递函数展开相应数学运算，得到实验样品所对应的光学参数。目前太赫兹光谱传递函数的数学运算通常有以下几种方法。

2.1.1 菲涅耳公式解析法

将如下假设作为通过菲涅耳（Fresnel）公式解析法求解太赫兹光谱传递函数的前提：①受检测样品为片状，且有均匀一致的表现，样品上表面平行于下表面；②接触待测样品上表面及下表面的两类介质并不存在表面电荷，同时是磁各向同性的；③在电磁场响应方面待测样品及其表面接触的介质会有线性的表现。测量时通常会对样品提出上表面和下表面接触的介质保持一致性的要求。从时间域来看，太赫兹脉冲的主峰从实验样品穿过后是能够根据窗函数进行分开处理的，或是在主峰分担了绝大多数能量的情况下能够不考虑 Fabry-Perot（法布里-珀罗）振荡。

如果样品表面接触了空气，即可根据菲涅耳公式求出传递函数，并且用幂指数形式来表述这一传递函数，而后进行换算能够求解得出折射率及吸收系数的解析公式，如式（2.1）、式（2.2）所示。

$$n_s(\omega) = \frac{\varphi(\omega)c}{\omega d} + 1 \tag{2.1}$$

$$\alpha(\omega) = \frac{2k(\omega)\omega}{c} = \frac{2}{d}\ln\left(\frac{4n_s(\omega)}{A(\omega)(n_s(\omega)+1)^2}\right) \tag{2.2}$$

式中：$n_s(\omega)$ 为样品复折射率的实部；φ 为参考信号与样品信号之间的相位差；ω 为角频率；c 为空气内太赫兹波的传播速度；d 为待测样品的厚度；k 为样品复折射率的虚部，即消光系数；α 为吸收系数，与角频率 ω 有关；A 为传递函数的幅度。

当待测样品的厚度是毫米量级时，菲涅耳公式解析法容易实现，简单而有效。但是须对样品的厚度进行精确测量，厚度误差会影响到吸收系数及折射率，而且厚度如果是微米量级的，那么待测样品就需要将法布里-珀罗振荡考虑在内，这时根据式（2.1）与式（2.2）计算得到的吸收系数和折射率将叠加法布里-珀罗振荡条纹，导致光学参数出现偏差，给识别特征谱带来不利影响。

通过对待测样品厚度进行估计，同时基于样品时域光谱对应的首次反射回波及其主峰计算出对应的折射率，可知这两个折射率之间的差值是正比样品的厚度误差的，如式（2.3）所示：

$$\Delta d = \frac{n_0 - n_1}{(n_0 - n_1) + \frac{2}{3}} d \tag{2.3}$$

式中：Δd 为厚度误差；n_0 为信号主峰计算得到的折射率；n_1 为第一次回波计算得到的折射率；d 为测量得到的样品厚度。

2.1.2 全变差最小化法

基于全变差最小化法能够消除法布里-珀罗振荡带来的影响，获得更为准确的消光系数、厚度及折射率。全变差最小化法对如下三类误差进行了定义：测量值与传递函数理论模型之间的幅度绝对误差 ER_m 及相位绝对误差 ER_p，频率可信条件下 ER_m 与 ER_p 加总所得来的总误差 ER_t。而后根据式（2.4）明确各个厚度下的可能实验样品对应的折射率的初始迭代值，如果是绝缘材料，那么就应当对消光系数赋予 0 值作为初始迭代值。

$$n_0 = \frac{c\Delta t}{d} + n_a \tag{2.4}$$

式中：n_0 为折射率的初始迭代值；n_a 为空气的折射率；Δt 为时域上参考信号和样品信号之间出现的延迟时间。考虑到样品厚度及折射率均取决于主峰在时域波形内所处的位置，而样品厚度与消光系数会对主峰幅值带来一定的影响，可对各厚度之下的折射率与吸收系数做出如下优化：

$$n_{k+1}(\omega) = n_k(\omega) + e\mathrm{ER}_p(\omega) \tag{2.5}$$
$$k_{k+1}(\omega) = nk_k(\omega) + e\mathrm{ER}_m(\omega) \tag{2.6}$$

式中：e 为 ER_t 的梯度，当 ER_t 不再改变时，迭代将会停止。

2.1.3 准直空间法

准直空间法以菲涅耳公式为基础，通过改进得到的经典解析法求取光学参数，然后在准直空间上对得到的光学参数进行离散傅里叶变换。准直空间法在不忽略采样率及频谱分辨率的基础上对受检测样品的可能厚度进行了明确，具体可见式（2.7）和式（2.8）。

$$d_{\max} = \frac{1}{\mathrm{d}f} \cdot \frac{c}{4n} \tag{2.7}$$

$$d_{\min} = \frac{c}{2n\Delta f} \tag{2.8}$$

式中：Δf 为带宽；$\mathrm{d}f$ 为光谱的频率分辨率。研究发现法布里-珀罗振荡频率成分会表现出峰值，记作 Q_S 值。由测试得来的样品厚度可知，对待测样品而言，真实厚度对应的是得到最小 Q_S 值的厚度，即趋近于零。确定好了真实厚度以后基本上就能够消除吸收系数及折射率叠加的法布里-珀罗振荡。

2.2 太赫兹成像原理

太赫兹能够穿透包括塑料、陶瓷、晶体和染色剂在内的各种介质材料，得到太赫兹图像。在进行 THz 检测的过程中，可以提取 THz 波形的相位和幅值，通过适当的数值处理，可以使用以相关材料折射率表示的菲涅耳系数来获得复折射率。例如，考虑介质 1 和介质 2 之间的界面，每个介质具有其自身的复折射率 $\tilde{n}_{1,2} = n_{1,2} - \mathrm{i}k_{1,2}$。假设 THz 平行光束从介质 1 过渡到介质 2 中，则对应的透射和

反射系数可以写为[1]

$$透射系数：t_{12} = \frac{2\tilde{n}_1}{\tilde{n}_1 + \tilde{n}_2}$$
$$反射系数：r_{12} = \frac{\tilde{n}_1 - \tilde{n}_2}{\tilde{n}_1 + \tilde{n}_2}$$ （2.9）

通过将实验过程中测量得到的透射和折射系数与式（2.9）拟合，即可以提取材料的复折射率，获得样品中的材料折射率分布，实现材料的直接成像。THz 成像系统按照电磁波的探测方式主要分为两类，分别为透射式成像系统及反射式成像系统，接下来将分别对其进行介绍。

2.2.1 透射式成像原理

如图 2.1 所示，假设 THz 波垂直入射位于复折射率分别为 $\tilde{n}_1$ 和 $\tilde{n}_3$ 的介质 1 和介质 3 之间的厚度为 L、复折射率为 $\tilde{n}_2$ 的介质 2（样品）。

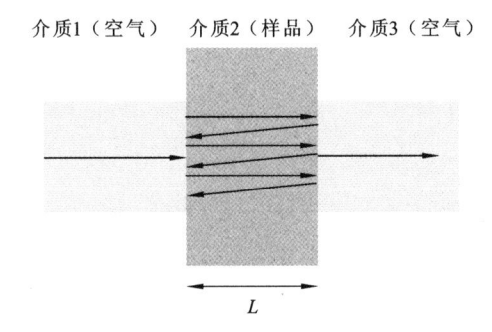

图 2.1 THz 透射式系统示意图

对于该垂直入射的太赫兹光束，为了获得归一化的透射函数 $S_t(\omega)$，需要对透过样品的 $E_s(\omega)$ 及透过空白样品的参考信号 $E_{ref}(\omega)$ 进行测量，获得角频率 ω 处归一化的透射函数：

$$S_t(\omega) = \frac{E_s(\omega)}{E_{ref}(\omega)} = \frac{t_{12}t_{23}\exp\left(\frac{i\tilde{n}\omega L}{c}\right)}{t_{13}\exp\left(\frac{i\tilde{n}\omega L}{c}\right)} \cdot FP(L,\omega)$$

$$= \frac{2\tilde{n}_2(\tilde{n}_1 + \tilde{n}_3)}{(\tilde{n}_1 + \tilde{n}_2)(\tilde{n}_2 + \tilde{n}_3)} \cdot \exp\left(i(\tilde{n}_2 - \tilde{n}_1)\frac{\omega L}{c}\right) \cdot FP(L,\omega)$$ （2.10）

式中：$FP(L,\omega)$ 为法布里-珀罗项，用于解释样品内部的多次反射，计算公式如式（2.11）所示：

$$\mathrm{FP}(L,\omega) = \sum_{k=0}^{\infty}\left[r_{23}r_{21}\exp\left(\frac{\mathrm{i}2\tilde{n}_2\omega L}{c}\right)\right]^k$$
$$= \frac{1}{1-\left(\dfrac{\tilde{n}_2-\tilde{n}_1}{\tilde{n}_2+\tilde{n}_1}\right)\left(\dfrac{\tilde{n}_2-\tilde{n}_3}{\tilde{n}_2+\tilde{n}_3}\right)\cdot\exp\left(\mathrm{i}2\tilde{n}_2\dfrac{\omega L}{c}\right)} \quad (2.11)$$

在实际计算过程中，如果多次反射后的回波可以在时间上得到较好的分离，并且只有直接透射波[在时域测量过程中，对式（2.6）中 $k=0$ 项进行采样]，或者当样品材料的损耗足够高时，可以认为该样品是光学厚的，式（2.11）中的多个反射波幅值很小，可以忽略不计，即 $\mathrm{FP}(L,\omega)=1$。当样品（$\tilde{n}_2=\tilde{n}=n-\mathrm{i}k$）在空气中（$\tilde{n}_1=\tilde{n}_3=\tilde{n}_{\mathrm{air}}=1$），并且忽略法布里-珀罗项，式（2.10）可以写作

$$S_{\mathrm{t}}(\omega)=\frac{4\tilde{n}}{(\tilde{n}+1)^2}\cdot\exp\left(-k\frac{\omega L}{c}\right)\exp\left(\mathrm{i}(\tilde{n}-1)\frac{\omega L}{c}\right) \quad (2.12)$$

并且可以重新写作

$$n(\omega)=\frac{c}{\omega L}\left\{\arg\left(\frac{(\tilde{n}+1)^2}{4\tilde{n}}S_{\mathrm{t}}(\omega)\right)\right\}+1 \quad (2.13)$$

$$k(\omega)=-\frac{c}{\omega L}\ln\left(\left|\frac{(\tilde{n}+1)^2}{4\tilde{n}}S_{\mathrm{t}}(\omega)\right|\right) \quad (2.14)$$

式中：$\arg(z)$ 为复数 z 的相位，使用固定点算法可以用于计算 $n(\omega)$ 和 $k(\omega)$。在该算法中，初始值 $n_0(\omega)$ 和 $k_0(\omega)$ 作为 $n(\omega)$ 和 $k(\omega)$ 的新值被代入方程（2.13）和（2.14）中，迭代计算得到一个固定点，使得 $n(\omega)$ 和 $k(\omega)$ 收敛，设 $4\tilde{n}/(\tilde{n}+1)^2=1$，则有

$$n_0(\omega)=\frac{c}{\omega L}\{\arg(S(\omega))\}+1 \quad (2.15)$$

$$k_0(\omega)=-\frac{c}{\omega L}\ln(|S(\omega)|) \quad (2.16)$$

对于光学厚的样品，也可以用回切法计算受测试样品的复折射率，当对两个长度分别为 L_1 和 L_2 的样品进行透射式检测时，可以通过解析法获得样品的复折射率，无须通过反复迭代的方法。即

$$S_{\mathrm{t}}(\omega)=\frac{E_2(\omega)}{E_1(\omega)}=\frac{t_{12}t_{23}\exp\left(\dfrac{\mathrm{i}\tilde{n}\omega L_2}{c}\right)}{t_{12}t_{23}\exp\left(\dfrac{\mathrm{i}\tilde{n}\omega L_1}{c}\right)}=\exp\left(\frac{\mathrm{i}\tilde{n}\omega(L_2-L_1)}{c}\right)$$
$$=\exp\left(-\frac{k\omega(L_2-L_1)}{c}\right)\exp\left(\mathrm{i}\frac{n\omega(L_2-L_1)}{c}\right) \quad (2.17)$$

通过式（2.17）可以解析计算复折射率 $\tilde{n}=n+\mathrm{i}k$

$$n(\omega) = \frac{c}{\omega(L_2 - L_1)}\{\arg(S_t(\omega))\} \tag{2.18}$$

$$k(\omega) = -\frac{c}{\omega(L_2 - L_1)}\ln(|S_t(\omega)|) \tag{2.19}$$

回切法不依赖于迭代算法，可以快速反演样品的复折射率，实现太赫兹透射成像。

2.2.2 反射式成像原理

图 2.2 为 THz 反射式系统示意图。测试过程中的样品（介质 3）被放置在厚度为 L 的窗口（介质 2）后，该窗口又被放置在空气（介质 1）中。

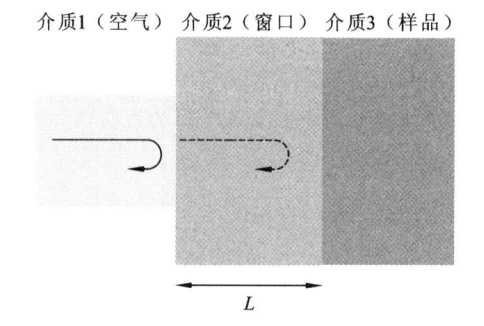

图 2.2 THz 反射式系统示意图

假设 THz 光束垂直入射，且 THz 检测系统的发射器和检测器都在同一侧，此时的归一化反射函数可以写为

$$\begin{aligned}S_r(\omega) &= \frac{E_s(\omega)}{E_{\text{ref}}(\omega)} = \frac{t_{12}r_{23}t_{21}}{r_{21}}\exp\left(-\frac{\mathrm{i}\tilde{n}_2\omega L}{c}\right)\\ &= \frac{4\tilde{n}_1\tilde{n}_2}{\tilde{n}_1^2 - \tilde{n}_2^2}\exp\left(-\frac{\mathrm{i}\tilde{n}_2\omega L}{c}\right)\frac{\tilde{n}_2 - \tilde{n}_3}{\tilde{n}_2 + \tilde{n}_3}\end{aligned} \tag{2.20}$$

当介质 1 是空气（$\tilde{n}_1 = 1$）且介质 2 是具有已知折射率（$\tilde{n}_2 = \tilde{n}_w$）的窗口时，式（2.20）可以写作

$$C = \frac{E_s(\omega)}{E_{\text{ref}}(\omega)}\frac{1-\tilde{n}_w^2}{4\tilde{n}_w}\exp\left(\frac{\mathrm{i}\tilde{n}_w\omega L}{c}\right) = \frac{\tilde{n}_w - \tilde{n}_3}{\tilde{n}_w + \tilde{n}_3} \tag{2.21}$$

其中，$\tilde{n}_3(\omega)$ 可以由式（2.22）计算得到

$$\tilde{n}_3(\omega) = \left(\frac{1-C}{1+C}\right)\tilde{n}_w(\omega) \tag{2.22}$$

当样品具有强吸收性时,反射几何结构明显优于透射光谱,因为它不依赖于通过吸收样品的透射。事实上,透射光谱受到 THz-TDS 系统的最大动态范围的限制,该最大动态范围被定义为相对于本底噪声的频率相关的最大信号幅度。当样品具有较强的吸收能力时,在样品的短长度内很快达到本底噪声。另外,反射光谱不依赖于通过样品的透射,而是依赖于反射信号的振幅和相位精度。因此,最大吸收系数取决于信噪比(SNR),SNR 定义为平均信号除以其标准偏差[2]。例如,由于液态水在太赫兹光谱范围内具有强吸收性,因此太赫兹波的许多生物医学应用都是在反射几何结构中进行的[3]。

2.3 太赫兹常见噪声来源与降噪方法

太赫兹时域光谱仪(THz-TDS)经过二十几年的发展已趋于成熟,在很多方面有着广泛应用,如:基础研究、医学诊断、安全检测及非接触测量等。但噪声影响着 THz-TDS 系统提取的光学常数的精确度,限制了其在物质定量分析方面的应用,也阻碍了仪器的发展。在 THz-TDS 发展过程中,研究人员研究了整个系统的噪声来源,结果表明噪声主要来源于:太赫兹发射器、延时线、太赫兹探测器、样品厚度误差、太赫兹入射角度误差、太赫兹波聚焦特性及空气折射率误差等。其中,Huang 等[4]详细地模拟了各种噪声对提取的光学常数的影响,同时通过与实验对比,确定了幅值噪声是主要的噪声来源,但他们并没有明确指出幅值噪声的来源并对其进行详细研究。

2.3.1 太赫兹常见噪声来源

1. 基于固态二极管的噪声源

在微波毫米波频段,因固态二极管结电容较小,当外加电压反向偏置到雪崩击穿时,可用作噪声源。固态二极管中的噪声电流主要来源于自由载流子与半导体介质中新的自由载流子碰撞产生的电离。目前,在微波毫米波频段,以固态二极管为核心的噪声源因体积小、成本低等特点获得了较多的应用。但进入太赫兹频段后,由于固态二极管截止频率的制约,基于固态二极管的噪声源的超噪比急剧下降,太赫兹频段的发展进入瓶颈。目前国内外针对固态二极管噪声源都进行了较多的研究,国内这类噪声源的频率主要集中在 100 GHz 以内,国外已经报道的固态二极管噪声源频率最高为 330 GHz,但产生的功率较小。

2. 基于黑体辐射和热电阻的噪声源

绝对黑体是指能够吸收全部外来电磁辐射，并不会有任何反射和透射的理想物体，简称黑体。黑体同时可以发射电磁波，发射的电磁波频率和能量遵循普朗克定律：

$$u_\nu(\nu,T) = \frac{8\pi h \nu^3}{c^3} \times \frac{1}{e^{\frac{h\nu}{kT}}-1} \tag{2.23}$$

式中：u_ν 为单位频率单位体积内的能量；h 为普朗克常数；ν 为频率；c 为光速；k 为玻尔兹曼常数；T 为热力学温度。利用黑体的辐射特性，研究人员开发出基于黑体的噪声源。基于热电阻的噪声源与黑体噪声源的原理相似，热力学温度 T 下的一个电阻 R，电阻中的电子处在随机运动的状态，这些随机运动会产生热噪声，并且其等效噪声温度是确定的。

2.3.2 太赫兹常见噪声降噪方法

太赫兹时域光谱仪的信噪比分为时域信噪比和频域信噪比。时域信噪比可以反映时域光谱仪时域信号的信噪比水平，但不能反映每个频点下的信噪比水平；频域信噪比不仅可以反映不同频率下的信噪比水平，还可以反映不同频点的信噪比。

1. 时域信噪比校准

太赫兹时域脉冲信号如图 2.3 所示。其中 a 段为信号前段，其波动由噪声引起；b 段为主要信号段，集中了 THz 信号的绝大部分能量；c 段为信号衰减部分，THz 信号能量很少。由于频谱的可靠分辨率完全取决于 c 段所取的长度，因此太赫兹时域脉冲信号的采集时间主要是在 c 段。

将图 2.3 中的 b 段峰值定义为信号，a 段均方差定义为噪声，由此可以得到太赫兹时域光谱时域信噪比计算公式：

$$R_{SN} = 20\log_{10}\left(\frac{S_{max}-S_{min}}{\sqrt{N}}\right) \tag{2.24}$$

式中，S_{max} 为时域脉冲信号的最大值，即 b 段信号的最大值；S_{min} 为时域脉冲信号的最小值，即 b 段信号的最小值；$\sqrt{N}$ 为时域信号噪声的均方根值，即 a 段信号的均方根值。

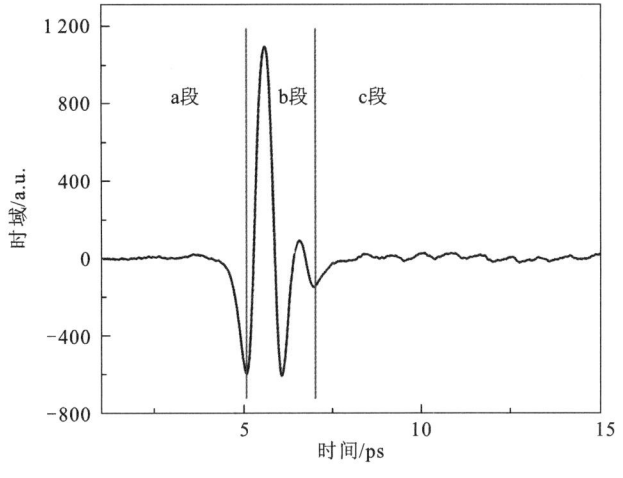

图 2.3 太赫兹时域脉冲信号示意图

2. 频域信噪比校准

不放入样品,利用太赫兹时域光谱仪测量时域信号曲线,对采集的时域信号进行傅里叶变换,得到此时的信号功率谱曲线 $P_{S\lambda}$;将金属板移到样品室,利用太赫兹时域光谱仪测量时域信号曲线,对采集的时域信号进行傅里叶变换,得到此时的噪声功率谱曲线 $P_{N\lambda}$;利用式(2.25)计算频域信噪比曲线 $R_{SN\lambda}$:

$$R_{SN\lambda} = 10 \log_{10} \frac{P_{S\lambda}}{P_{N\lambda}} \tag{2.25}$$

2.4 太赫兹检测典型案例

2.4.1 工业用纸太赫兹厚度测量

在工业现场中纸张检测的方法主要根据测量方式分为非接触式和接触式。常见的厚度检测有超声测厚、涡流测厚、红外测厚、射线测厚。不同的测厚方法都有它的缺点和优点。表 2.1 介绍了每种方法的检测原理、实现途径、优点和缺点,这些方法在国内外的造纸厂中都被广泛应用。

表 2.1 厚度测量技术对比

检测特性	涡流测厚	磁感应测厚	超声测厚	太赫兹测厚
非接触	否	否	是	是
基底要求	导电基底	导磁基底	无	无
精度	±1%	±1%	±3%	高精度
支持多层结构	否	否	是	是
缺陷检测	否	否	是	是
成本	低	低	高	高
便携性	便携	便携	非便携	非便携

目前传统的测量纸张厚度的方法都具有一定潜在的缺陷。例如，X 射线和 β 射线对人体存在电离辐射，长期工作在电离辐射的环境中对人体的机能会产生严重影响；超声传感检测需要在纸张表面添加耦合剂，破坏纸张的表面特性，除此之外直接用卡尺接触纸张测量，可能会对产品质量产生不利影响。

利用太赫兹技术检测纸张厚度参数具有简便快速、非接触、实时在线测量等优点。太赫兹传感器能够对纸张厚度检测提供稳定和精确的传感，太赫兹辐射的非电离性质，纸张在太赫兹频段基本上是透明的，并且太赫兹具备较高的信噪比和较短的时间脉冲长度，因此太赫兹技术成为纸张非接触式厚度测量的理想检测手段。

对样品进行测量之前需要保证以下 3 点。

（1）测量的样品材质要满足一致性，保证样品的材料参数在空间和方向上是保持不变的。

（2）与待测样品上下表面接触的介质要保持各向同性，在样品表面保持平整且上下表面要平行。

（3）太赫兹的入射方向要与样品表面保持垂直。

太赫兹信号在纸张中的传播过程如图 2.4 所示。

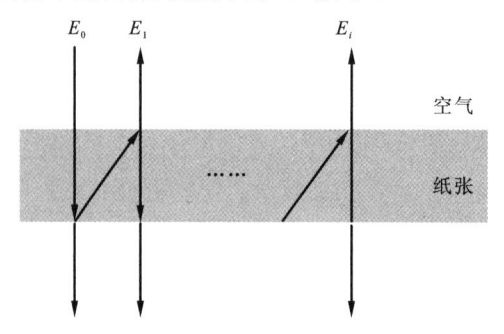

图 2.4 太赫兹信号在纸张中的传播过程示意图

纸张的吸收系数如下：

$$\alpha(w) = \frac{2wk(w)}{c} \quad (2.26)$$

式中：w 为角频率；$k(w)$ 为消光系数；c 为光速。太赫兹是一种电磁波，因此当太赫兹信号和样品接触时，满足菲涅耳定理，太赫兹信号在空气和样品中的反射和折射如下式所示：

$$R_0 = \frac{n_1 - n_0}{n_1 + n_0} \quad (2.27)$$

$$T_0 = \frac{2n_1}{n_1 + n_0} \quad (2.28)$$

式中：R_0 为反射系数；T_0 为折射系数；n_0 为空气中太赫兹波折射率；n_1 为样品中太赫兹波折射率。

传播系数表示为

$$P(d) = \exp\left(\frac{-\mathrm{j}wn_1 z}{c_0}\right) \quad (2-29)$$

式中：c_0 为光速。与初始的太赫兹信号 E_0 相比，经过传播系数为 $P(d)$ 纸张的 THz 信号 $E(i)$ 的函数形式为

$$E(i) = E_0 P(d) \quad (2.30)$$

在利用反射式太赫兹时域光谱系统对纸张厚度进行测量时，纸张样品和基底之间会存在一定的空隙。针对这一问题，Sartorius 等[5]提出了包含空气层的多层结构中太赫兹信号的传播模型，利用该模型可以同时测量纸张的厚度及折射率。实验结果表明，利用测得的折射率可以对多种类型的纸张进行鉴定，厚度测量结果与传统机械式测量结果表现出了良好的一致性。

水对太赫兹波具有强烈的吸收作用，当样品含水量较高时，太赫兹波幅值衰减较为明显。因此，根据太赫兹脉冲经过纸张样品后的幅值衰减程度也可以对纸张的干燥过程进行监控。

2.4.2 纸张太赫兹吸收特性

天津大学等研究人员使用太赫兹时域光谱技术对纸张的吸收特性进行分析测试，发现纤维素的太赫兹响应在频率 3.05 THz、5.13 THz、6.32 THz 和 7.03 THz 的吸收峰源于纤维素的振动模式，为纸张的测试与识别提供了参考依据[6]。图 2.5 显示了 6 种纸的吸收光谱，其中光谱垂直偏移以保持清晰。每个频谱由两条曲

线组成，分别由两个具有频率重叠区域的 THz-TDS 系统测量。0.5～3.5 THz 的光谱由 TAS7400TS 系统测量，2.5～10 THz 的光谱由空气-等离子体系统测量。可以观察到，所有类型的纸张在 3.05 THz、5.09 THz 和 6.92 THz 附近表现出相似的光谱共振峰，但每个峰的相对振幅不同。其中，餐巾纸、宣纸和牛皮纸的吸收率相对较低，而素描纸和染色纸（红色）的吸收率最高。素描纸和染色纸（红色）在 3.26 THz 附近显示出共振，与其他纸和纸币在 3.05 THz 附近相比显示出较小的偏移，这种偏移可能来自两种纸张类型的碳酸钙成分。

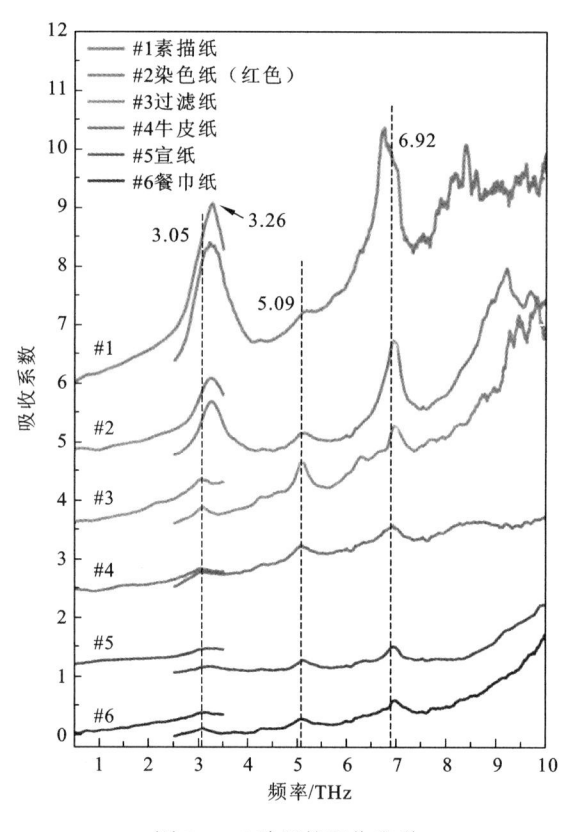

图 2.5 6 种纸的吸收光谱

太赫兹区的特征指纹谱来源于分子的低频扭转振动或旋转能级。所有类型纸张的测量光谱的共振特征来自其组成分子的振动响应。考虑到纸的主要成分是纤维素，实验测量了纯纤维素样品的太赫兹光谱。如图 2.6 所示，纤维素在 3.08 THz、5.11 THz、6.32 THz 和 6.99 THz 处的吸收峰与纸币中测得的吸收峰非常一致。这些结果表明，纸币和纸的太赫兹光谱主要归因于纤维素的响应。

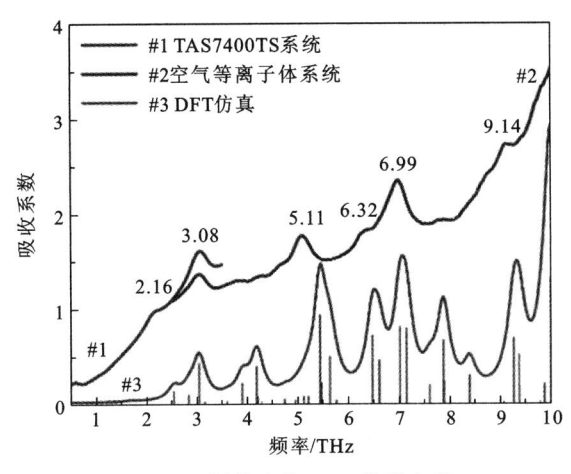

图 2.6 纤维素的 DFT 模拟光谱

为了解纤维素在分子水平上的实验光谱，使用剑桥顺序总能量包（Cambridge sequential total energy package，CASTEP）作为 Accelrys Materials Studio（一款材料计算软件）包的一部分，进行基于固态密度泛函理论（density functional theory，DFT）的量子化学计算。结果是在广义梯度近似（generalized gradient approximation，GGA）内使用 Perdew-Burke-Ernzerhof（PBE）相关函数，使用 Grimme 的 D2 色散校正方法和 CASTEP 中实现的范数守恒赝势获得的纤维素的 DFT 模拟光谱如图 2.6 所示。计算结果与实验实测结果定性吻合，所有实测吸收峰均具有相应的计算模式，包括实验中的弱峰，如 6.32 THz 和 9.14 THz 处的峰。

2.4.3 热障涂层太赫兹检测

热障涂层（thermal barrier coatings，TBCs）具有耐高温、防腐蚀、耐磨和导热率低等特点，被广泛应用于航空发动机及燃气轮机中涡轮叶片的热防护，是涡轮叶片的关键技术之一。热障涂层是一种陶瓷涂层，主要结构包括陶瓷层、粘接层及合金基体层，其中陶瓷层的厚度直接影响热障涂层的热障效果，并且在服役过程中，由于热循环载荷、冲刷腐蚀等影响，热障涂层还会减薄甚至脱落，严重时甚至导致涡轮叶片损毁；同时涂层的厚度和均匀性将对其性能产生影响，因此对热障涂层陶瓷厚度和缺陷的有效检测是太赫兹无损检测的重要研究内容。

热障涂层由陶瓷层、粘接层、合金基底层 3 部分组成，其中陶瓷层材料一般为钇稳定氧化锆（yttria-stabilized zirconia，YSZ），粘接层材料一般为抗氧化耐磨 MCrAlY 金属。入射热障涂层的太赫兹波可在空气与陶瓷层界面发生反射和透射，透射后可继续传播至粘接层直达金属基底。由于金属导电性良好对电磁波近乎全反射，透射的太赫兹波在陶瓷层与粘接层界面发生近乎全反射，因此太赫兹检测信号无法传播至合金基底层，仅在陶瓷层内传播。

1. 垂直入射

使用垂直入射的方式检测热障涂层，仅考虑太赫兹波实际作用部分，忽略热障涂层的合金基底层，太赫兹波传播路径如图2.7（a）所示。

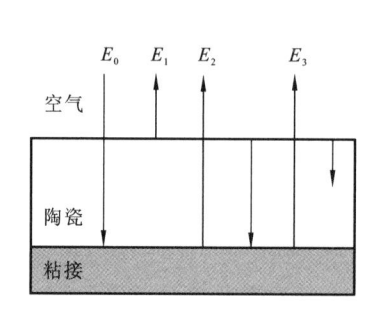

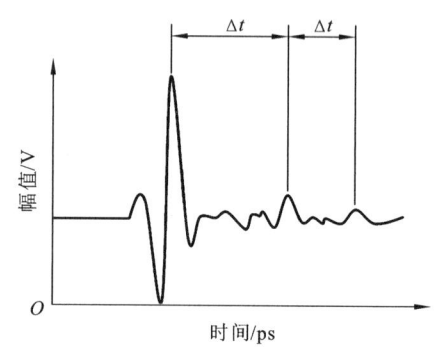

（a）太赫兹波在涂层中的传播路径　　（b）太赫兹波在涂层中的时域信号

图2.7　热障涂层太赫兹波传播路径与时域信号

图2.7中，E_0 为入射太赫兹波，在空气与陶瓷层界面发生反射和透射，反射波形成第1次回波 E_1；透射波在粘接层发生全反射传播至陶瓷层与空气界面，透射部分形成第2次回波 E_2；反射部分重新传播至粘接层重复上述过程，形成第3次回波 E_3 及后续更高次回波。4次及以上的高次回波在实际应用中受到涂层厚度、传播衰减等因素影响难以检测到，因此实际应用中主要采用前3次回波 E_1、E_2、E_3。

在太赫兹波垂直入射条件下，热障涂层厚度计算的数学模型为

$$d=\frac{c\Delta t}{2n} \tag{2.31}$$

式中：d 为陶瓷的厚度；c 为光速；Δt 为两次回波的间隔时间；n 为陶瓷的折射率。

实验选取3片不同厚度的涂层片作为样本，S1到S3厚度逐渐变薄，如图2.8所示，为确保测量的稳定性，每片涂层样本取随机4个点位进行测量。

图2.8　不同厚度的涂层片

不同样品的太赫兹时域信号如图 2.9 所示。可以发现随着厚度的变化，太赫兹信号的强度也发生变化，波峰信号逐步降低，同时由于信号在不同厚度的涂层中的传播时间不同，二次回波的信号波峰与第一波峰之间的 Δt 变短。

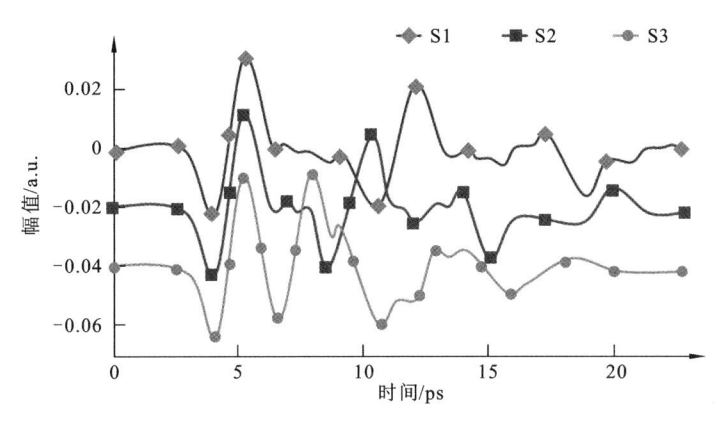

图 2.9　不同样品的太赫兹时域信号

2. 非垂直入射

传统的方法是垂直入射模式下的反射式太赫兹时域光谱测量，其光学系统通常体积笨重、复杂。更重要的是，由于这种系统需要使用一个半透半反分束镜，因此降低了太赫兹波功率，影响检测的灵敏度。2021 年，德国应用技术大学联合西门子公司使用非垂直入射的太赫兹波进行涂覆层厚度测量，将解析方法扩展到一般的太赫兹波非垂直入射的情况，涂层表面粗糙度还可以在涂层厚度的测定中发挥作用。在研究中，使用反射模式的太赫兹时域光谱系统进行测量，相对于样品以大约 30°的角度入射，并对样品的扫描电镜图像厚度进行分析对比。在非垂直入射的情况下，菲涅耳方程对入射光束的偏振态不同。因此，必须对平行和垂直的极化进行单独的计算，然后根据入射光束的偏振状态取均值。对于部分偏振状态，即具有 Y 行和垂直极化分量的线偏振入射脉冲，折射率可以通过两者的叠加进行计算。

结合反射式太赫兹时域光谱信号的时间间隔，得到热障涂层的折射率为 3.872，结合理论仿真，表 2.2 为垂直入射、非垂直入射和校正厚度的计算结果，误差在 4～17 μm，范围为 1.2%～4.5%。

表 2.2　不同测量方式厚度检测对比　　　　　　　　（单位：μm）

样品	参考厚度	垂直入射测量误差	非垂直入射测量误差	校正非垂直入射测量误差
1	+206	+22	+36	+9
2	+236	+10	+26	−7
3	+330	+19	+42	−4
4	+380	+37	+64	+17

3. 热障涂层表面结构检测

制备热障涂层是一个复杂的热、机械和化学过程，热障涂层的综合绝缘性能和使用寿命与其微结构密切相关，具体参数包括导热系数、热膨胀率、弹性模块、整体刚度和断裂韧性等。微结构受材料的性能、沉积工艺参数和使用环境的影响。

使用太赫兹时域光谱系统来提取具有加工参数的热障涂层的太赫兹特性，以表征其微结构特征。无损检测测量的准确性取决于属性参数选择是否合适，并且不同的太赫兹属性对不同的微结构特征具有不同的敏感水平。如图 2.10 所示，在热障涂层表面和内部，太赫兹信号经过了多次反射。

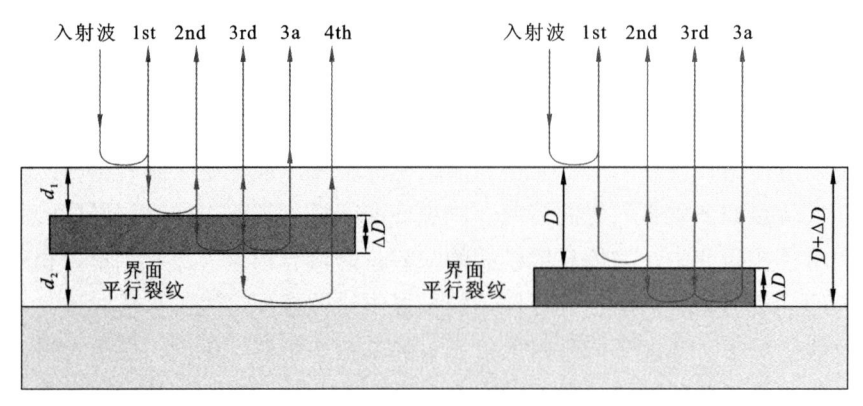

图 2.10　热障涂层表面和内部太赫兹信号的传播方式示意图

从透射参考和样品信号中，通过快速傅里叶变换可以获得频域参数，进一步通过计算可以获得样品的折射率和消光系数。随着孔隙率的增加，光学密度较高的介质中掺杂了更多光学密度较薄的介质空气，从而导致折射率降低。采用各种有效介质理论研究孔隙形状、折射率和孔隙率之间的关系。由于孔隙尺寸的增加，孔隙散射体的吸收和散射随之增加，消光系数也随之增加。考虑到散射随波长的减小和太赫兹时域光谱系统的配置参数而增加，选择 0.6~1.4 THz 的频率来提取折射率和消光系数。散射和色散效应会导致太赫兹脉冲波形的展宽，而微结构特征决定了展宽变化的幅度。为了积累更多的展宽效应来表征热障涂层的微观结构特征，优先考虑了第三次传输的相对时域展宽比 $r = \Delta t_S / (\Delta t_r d)$。实际上所有的微观结构特征在理论上都会影响热障涂层的太赫兹特性。

研究结果表明，THz 无损检测技术可以作为热障涂层平行裂纹的有效检测手段，其展现出的对陶瓷材料良好的穿透能力、较高的测量精度、友好的人体安全性能，以及优异的非接触、无损伤在线监测能力，都可以很好地满足实际工程测量需求，有望成为未来评价航空发动机热端部件表面热障涂层结构完整性和服役寿命的重要手段和有效方法。

2.4.4 有机涂层多层材料的太赫兹检测

1. 厚度测量

有机涂层的厚度对防护涂层性能有很大影响，间接对材料利用率和装备结构寿命起到重要作用，是涂层涂装过程中涂层质量监控与质量评价的一个关键参数。

太赫兹波对大多数非极性材料呈现接近透明特征，当太赫兹脉冲入射到不同材料介质中时，由于各介质群折射率的不连续性，脉冲在介质界面处发生反射，形成了具有不同飞行时间的反射脉冲，如图 2.11、图 2.12 所示。

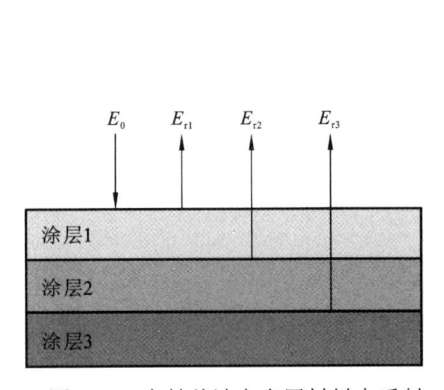

图 2.11 太赫兹波在多层材料中反射 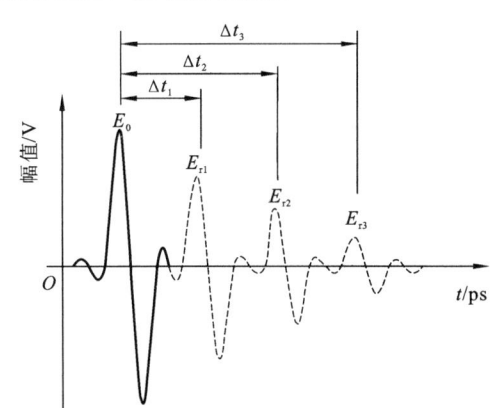　　图 2.12 多层材料飞行时间差

根据太赫兹在多层介质中的传播理论，可得单层样品的太赫兹回波信号：

$$E_0(t) = \sum_{i=1,2} E_{ri}(t) = \sum_{i=1,2} k_i E_{ri}(t + \Delta t_i) \tag{2.32}$$

双层样品信号如下：

$$E_0(t) = \sum_{i=1,2,3} E_{ri}(t) = \sum_{i=1,2,3} k_i E_{ri}(t + \Delta t_i) \tag{2.33}$$

式中：E_{ri} 为第 i 个反射信号；Δt_i 为第 i 个反射信号和入射信号 E_0 之间的时间差，则定义误差为

$$\text{error} = \sum_j [E_t(j) - E_m(j)]^2 \tag{2.34}$$

式中：E_m 为实际测量太赫兹信号。

根据菲涅耳定理，得到 $E_0(t)$ 中的系数 k_1 和 k_2：

$$k_1 = r_{12} \tag{2.35}$$

$$k_2 = t_{12} r_{23} t_{21} \tag{2.36}$$

根据飞行时间原理，可得厚度数学模型：

$$d_i = \frac{\Delta s_i}{2 n_i} = \frac{c \Delta T_i}{2 n_i} \tag{2.37}$$

$$\Delta T_i = \Delta t_i - \Delta t_{i-1} \tag{2.38}$$

式中：c 为真空中的光速；n_i 为第 i 层材料的折射率。

根据材料折射率和 2.4.1 小节中提出的测厚公式，可计算出太赫兹信号在不同材料中的飞行时间差，根据 Δt 的值可以计算多层材料中每一层材料的厚度。

2. 缺陷测量

有机防护涂料体系对海上金属结构的防腐起着重要作用。检测可能的涂层缺陷并评估涂层性能对腐蚀降解监测具有实际意义，可靠的缺陷识别可以提供及时有效的维护，以避免严重后果。集美大学等研究人员利用太赫兹脉冲成像技术研究了各种多层有机涂层体系，旨在探索防护涂层太赫兹无损检测（terahertz non-destructive testing，THz NDT）的检测能力。一个关键问题是对缺陷涂层结构的可靠检测，这直接影响到太赫兹无损检测技术的广泛使用。在防护涂料的腐蚀劣化过程中，化学和物理特性发生变化，从而形成各种缺陷。涂层下方有几种局部隐藏缺陷：油漆凸起缺陷、油漆脱落缺陷和金属腐蚀，它们会降低涂层系统的保护性能。

隐性腐蚀缺陷通常是由两个原因引起的：喷涂前对金属基体表面的预处理不足，导致残留氧化物、生锈等；或在使用期间长期渗入海水导致金属的化学腐蚀。图 2.13 显示了第一种腐蚀缺陷涂层的太赫兹脉冲成像（terahertz pulse imaging，TPI）测试结果。在喷漆前，将有缺陷的样品喷上一层防腐层，金属表面残留一些锈迹。

图 2.13 显示了样品在 x 方向上的几个点（1~8）的 TPI 信号。如图 2.14 所示，C-SLICE 视图表示样品的 x-y 平面（涂层表面），当太赫兹波测试样品时，图像的每个像素对应于时域中反射的太赫兹脉冲的峰值幅度。图 2.15 是样品的 x-z 平面的 B-SLICE 视图，其中水平轴表示 x 方向，纵轴表示 z 方向（深度方向）。在图 2.15 中，在标记为 A 的区域存在隐藏的腐蚀缺陷，它在水平轴（x 方向）中

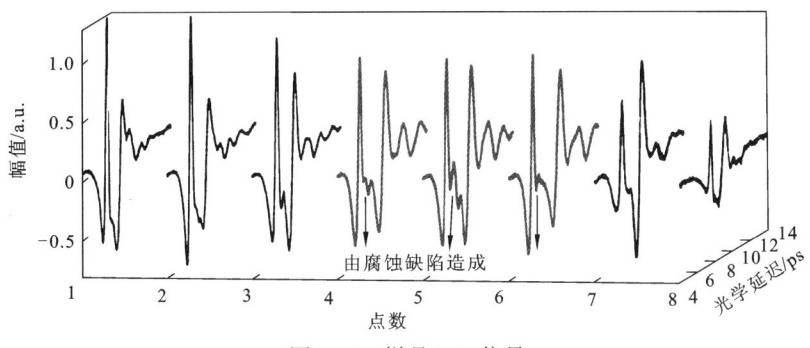

图 2.13 样品 TPI 信号

覆盖了大约 45 个像素，在垂直轴（y 方向）上覆盖了 25 个像素。因此，缺陷尺寸可以评估为 4.5 mm×2.5 mm。点 4~6 的 TPI 信号代表缺陷位置的一些像素，与无缺陷区域，点 2、3 和 7 相比，可以很容易地区分差异。

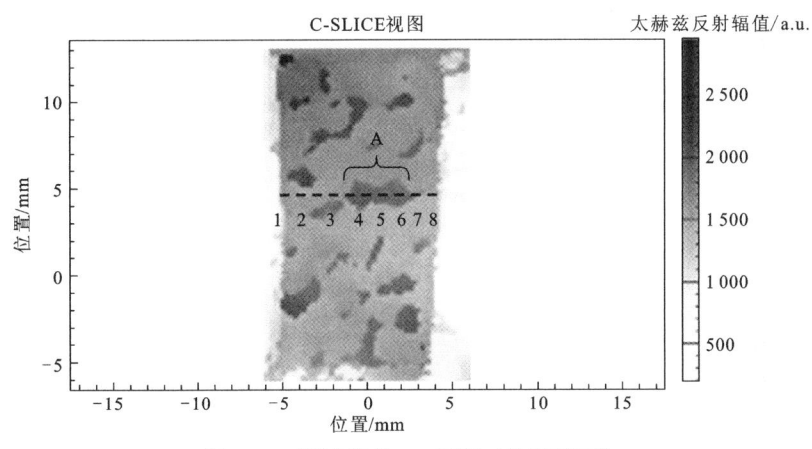

图 2.14 测试样品 x-y 平面（涂层表面）

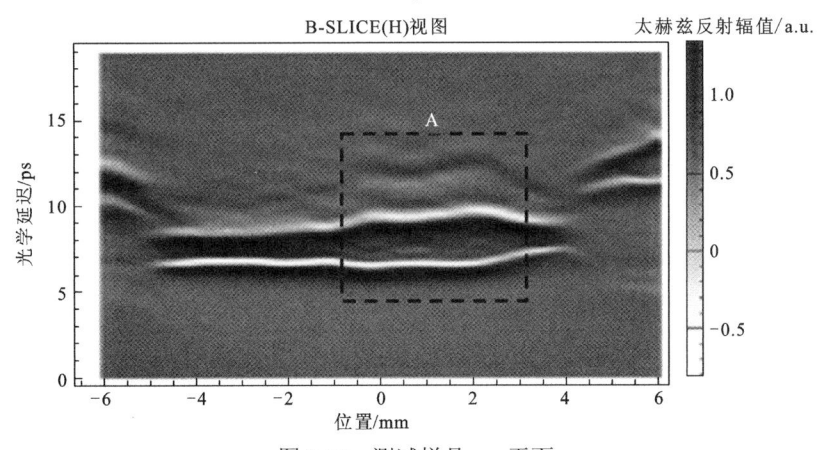

图 2.15 测试样品 x-z 平面

参 考 文 献

[1] Guerboukha H, Nallappan K, Skorobogatiy M. Toward real-time terahertz imaging[J]. Advances in Optics and Photonics, 2018, 10(4): 843-938.

[2] Naftaly M, Dudley R. Methodologies for determining the dynamic ranges and signal-to-noise ratios of terahertz time-domain spectrometers[J]. Optics Letters, 2009, 34(8): 1213-1215.

[3] Woodward R M, Cole B E, Wallace V P, et al. Terahertz pulse imaging in reflection geometry of human skin cancer and skin tissue[J]. Physics in Medicine & Biology, 2002, 47(21): 3853-3863.

[4] Huang Y, Sun P, Zhang Z, et al. Numerical method based on transfer function for eliminating water vapor noise from terahertz spectra[J]. Applied Optics, 2017, 56(20): 5698-5704.

[5] Sartorius B, Roehle H, Küenzel H, et al. All-fiber terahertz time-domain spectrometer operating at 1.5 μm telecom wavelengths[J]. Optics Express, 2008, 16(13): 9565-9570.

[6] Guo H, He M X, Huang R L, et al. Changes in the supramolecular structures of cellulose after hydrolysis studied by terahertz spectroscopy and other methods[J]. Applied Optics, 2017, 56(20): 5698-5704.

第 3 章 基于太赫兹的外绝缘设备无损检测方法

3.1 外绝缘设备无损检测方法概述

3.1.1 外绝缘设备

设备绝缘中与空气接触的部分称为外绝缘，外绝缘包括各种类型的绝缘子、套管、瓷套、电力电缆外绝缘层，如图 3.1 所示，其中最广泛应用的外绝缘设备是绝缘子。外绝缘长时间在空气中运行，除了承受电气、机械各种应力外，还须承受风、雨、雪、雾、雷电和温度变化等自然条件影响，此外还要受到表面污秽和外力损坏等影响。

（a）盘形悬式瓷绝缘子 　　（b）盘形悬式玻璃绝缘子 　　（c）棒形悬式复合绝缘子

（d）变压器套管 　　（e）瓷套管 　　（f）电力电缆

图 3.1 外绝缘设备示例

绝缘子因其维护成本低、集成度好、供电可靠性高等优点在电力系统中得到广泛应用[1,2]。由于生产过程和长期运行的影响，绝缘子的内部或表面不可避免地

存在缺陷（如裂纹、气泡、金属异物等），导致设备绝缘性能失效，对电网的保护和控制作用失效[3]。在严重的情况下，它甚至可能导致停电事故。因此，定期对设备内部部件进行状态检测，确保其安全、稳定、可靠地运行具有重要意义。在制造、操作、维护、安装、存储、运输等过程中，电气设备的绝缘子通常存在两种缺陷：一种是范围较小但危害较大的集中性缺陷，例如制造装配过程中的机械损伤、瓷质裂纹、内含气泡等原因引起的局部损坏[4-7]；另一种是分布范围更广的缺陷，比如由于密封不良，绝缘子受潮、受污染，或者在强电场和高温的长期作用下发生老化，这将降低整体绝缘性能，导致绝缘电阻减小、损耗增加、发热严重，从而进一步加速老化、缩短设备绝缘寿命等[8]。在绝缘子中，当出现裂纹缺陷时，其在长期运行中击穿风险最高[9-11]。用特高频法检测实际缺陷模型中产生的局部放电，裂纹宽度越小，放电越强烈[12]。研究表明，绝缘子中各种缺陷的存在都会影响其绝缘性能。对绝缘子的缺陷进行有效的检测有助于降低高压电力设备运行成本及有助于提高使用寿命。

目前，绝缘子缺陷的检测主要以局部放电的形式进行，包括脉冲电流法、超高频法和超声法等。Li 等[13]建立了基于交叉参考脉冲电流和超高频方法的测量体系，揭示了绝缘子表面金属颗粒缺陷的局部放电特性和可检测性，具有良好的测量精度和灵敏度。Meng 等[14]提出了基于语义分析的绝缘子局部放电超高频信号严重性评估方法，充分利用结构化数据和非结构化文本数据，更全面、直观地反映绝缘子状态。Zheng 等[15]提出了一种盆式绝缘子密度均匀性的超声无损检测方法，通过构建密度与超声速度的映射关系来检测装置的机械强度。然而，这些方法只能间接地评估盆式绝缘子的状态，而不能准确地确定缺陷类型和定位故障位置[16]。通过开展在线检测和抽样评估，及时发现绝缘子缺陷并进行消除，降低由绝缘子缺陷导致的电力设备故障，可大幅提升高压电力设备的运行稳定性。

3.1.2 绝缘子缺陷分类

1. 气泡缺陷

在实际生产过程中，由于人工手动操作，绝缘子内部会产生工厂检查时难以发现的小气泡。气泡的存在可导致场强发生畸变，影响绝缘子的绝缘性能。气泡越靠近绝缘子金属端，其电场强度越大[17]。这些气泡最有可能导致局部放电（图 3.2），导致运行中的绝缘子失效，严重时还会导致绝缘子断裂，最终影响电力系统的稳定运行。

图 3.2 绝缘子气隙导致局部放电

2. 裂纹缺陷

在高压电力设备中，绝缘子通常采用陶瓷注射成型工艺制成。但是在高压绝缘子制造过程中，烧结后经常观察到裂纹等表面缺陷。已有研究表明，裂纹缺陷可能是因为粗糙的绝缘子制造工艺，模具在制造过程中容易产生气泡，运行过程中受力大产生裂纹；断路器在闭合和开路运行期间，绝缘子振动，累积效应产生裂纹等。裂纹的继续发展可能会引起局部放电，在该区域造成严重的灼伤，致使绝缘子发生损坏。在裂纹靠近高压导体的情况下，垂直于电场方向的深裂纹中的场强可能是裂纹周围绝缘子中场强的5～6倍，并且接近气体放电的现场标准，导致在工作电压下发生局部放电。裂纹只有在位于深层绝缘体材料中、垂直于电场方向、靠近高压导体时，才能产生局部放电（图 3.3）[18]。当绝缘子有裂纹时，裂纹附近的电场会发生明显的畸变，而母线附近裂纹末端的电场畸变会发生严重变化[19]。

图 3.3 绝缘子裂纹缺陷导致电晕放电

3. 异物缺陷

绝缘子在运输、储存和安装过程中异物容易进入其中。这些异物会改变电场分布，导致电荷积聚和局部放电，甚至损坏绝缘子本体。当异物积聚在洁净的绝缘子表面（图 3.4）时，其表面性质（如吸附力、粗糙度、摩擦系数）会发生变化。绝缘子表面脏污容易造成表面电荷积聚，引发局部放电。

（a）生物污秽　　　　　　　　　　（b）雨雪污秽

图 3.4　绝缘子表面生物污秽和雨雪污秽

3.1.3　绝缘子缺陷产生机理

绝缘子缺陷包括绝缘子自身材料固化过程中的缺陷、残余应力及脱膜过程中产生的界面缺陷，还包括绝缘子在运行过程中材料的老化、运行应力振动、气体分解物及外部环境影响造成的缺陷。绝缘子材料老化的因素主要有光老化、热老化、电老化、环境及温度老化等，老化的直接后果是使绝缘子伞群表面的憎水性能下降，闪络电压降低、耐污闪能力下降，如不及时发现或更换老化严重的绝缘子，可能会发生闪络事故。由于受到浇铸工艺、温度等因素的作用和影响，在浇铸过程中会产生大量的残余应力，残余应力的存在会导致绝缘子内部应力在局部区域显著升高，在外部载荷激励和残余应力的共同作用下，绝缘子会在应力集中处破裂，在运行中引发长时间的局部放电，从而导致整个绝缘子破损。

1. 材料老化

绝缘子在长期运行中，材料会出现老化现象。如硅橡胶材料在户外使用过程中需要长期承受热氧老化及湿热环境和化工大气等环境的影响，而绝缘子老化可能会造成如电晕放电、裂纹、材料粉化等比较严重的后果。绝缘子老化后，其绝缘性能会降低，影响电网的安全运行。绝缘子老化与运行时间、环境和电压等级因素均有关系，长期处于湿热环境的硅橡胶绝缘子老化比较明显。

2. 应力

绝缘子的力学性能对电气设备的安全运行起着关键作用，在绝缘子固化过程中会产生残余应力。若有外部激励，绝缘子的缺陷将发展为裂纹或其他缺陷，从而导致局部放电和设备损坏[20]。材料的内应力对绝缘子也有影响，残余内应力会使界面更容易开裂，导致结构疲劳损伤，降低绝缘子的寿命[21]。外部施加的固化温度能够促进固化反应，增加反应速率，也使得绝缘子的残余应力增加，而在固化过程中，各个时间点的应力分布趋势基本一致，且凝胶点也影响了绝缘子的应力大小[22]。气泡缺陷会使绝缘子相应位置处应力分布发生畸变，气泡的位置和尺寸也会对局部的应力分布有影响[23]。

3.1.4 绝缘子缺陷无损检测方法

国内外学者针对绝缘子缺陷无损检测方法做了大量的研究，传统方法包括射线检测、磁粉检测、涡流检测、渗透检测、超声波检测等。传统方法是常规的无损检测方法，操作简单，但单一的检测方法对缺陷的诊断难度较大，具有一定的局限性。基于声、光、热特征的新型绝缘子无损检测方法检测速度快、检测效率高，并且灵敏度高，检测结果形象直观，在绝缘子缺陷检测中具有较大的应用前景。

1. 基于声学特性的缺陷检测方法

1）超声导波检测

超声导波检测通过检测导波在绝缘子中的传播特性，可实现对绝缘子的宏观缺陷、组织结构等的检测。超声导波检测技术因其检测速度快、检测精度高、成本低、检测范围广等优点，近年来得到了很大的发展。与超声检测的点扫描相比，超声导波检测采用线扫描，可以同时检测到内部和外部缺陷。利用 Lamb（兰姆）波在绝缘子中的传播特性，可实现对绝缘子内部气泡、附着物及裂纹等缺陷的检测，精确定位缺陷的位置。由于超声导波的频率和模态不同，导波的传播速度和特性也不相同，对不同类型绝缘子、不同缺陷的敏感程度也不相同。超声导波检测示意图如图 3.5 所示。

超声导波检测法可以检测绝缘子各种气泡、裂纹、脱膜等缺陷。缺陷增大，接收的信号逐渐减小，超声导波在遇到缺陷时会发生反射和折射等现象造成能量损失。超声导波可根据绝缘子的不同类型及绝缘子内部的缺陷进行检测，如内部组织结构、金属颗粒附着等缺陷，针对振幅和相位速度偏差的影响，可以合理精

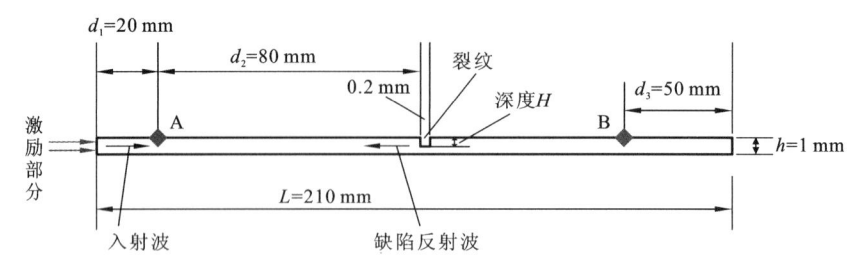

图 3.5　超声导波检测示意图

确地检测出实际问题。对于不同轴向长度缺陷的芯棒，L 模态超声导波能较为准确地检测出芯棒中的缺陷，运用匹配追踪算法估计出芯棒缺陷。但是目前超声导波检测仅适用于离线状态下对绝缘子缺陷进行检测，且对缺陷定位的精度不够。

2）非线性超声检测

非线性超声（nonlinear ultrasound，NLUS）检测基于超声波与闭合裂纹相互作用引起的高次谐波或次谐波检测，当微小缺陷与大振幅的超声波相互作用时，会发生强非线性失真现象，产生高次谐波。超声波经过固体材料后，波形发生了畸变，当正弦波施加到有缺陷的固体材料上时，会导致波形失真，即非线性系数发生变化。如图 3.6 所示，探测激光采集初始时域信号后，通过傅里叶变换得到具有明显频率特征的频谱。当基波通过闭合表面裂纹时，裂纹区域的局部表观刚度在拉伸和压缩作用下发生变化，产生较高的谐波，这种波畸变可用于检测闭合表面裂纹。

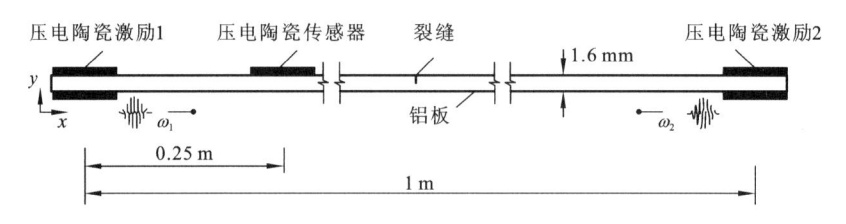

图 3.6　表面声波产生与探测的基本原理示意图

非线性超声检测技术可检测气泡、裂纹等缺陷。如图 3.7 所示，对截取的直入射信号做傅里叶变换，并对其非线性系数进行分析。缺陷的尺寸和间隙最大的定义为第一类缺陷，较小的定义为第二类和第三类缺陷，即缺陷尺寸和间隙越小，相关性越高。根据相关系数可有效检测缺陷。

2. 基于光学特性的缺陷检测方法

X 射线常用于检测绝缘子的气泡、裂纹等缺陷。X 射线在穿过绝缘子时，会

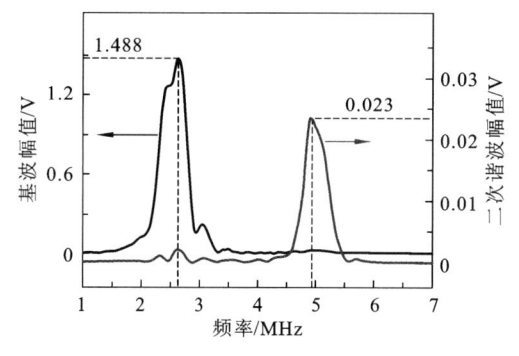

图 3.7 有缺陷区域的非线性超声检测频域信号

被绝缘子阻挡，而射线与绝缘子之间存在一定的相互作用。由于射线被吸收或散射，射线强度会有不同程度的降低，不同缺陷对射线的吸收和散射不同，穿过绝缘子的射线强度也会不同。由于几何原因和物质的衰减，X 射线的强度随着距离的增加而减小。X 射线可形成一个开口角为 α 的圆锥，如图 3.8 所示。由于散射和光电效应，X 射线与物质相互作用时强度会降低。绝缘子质量衰减系数会随着 X 射线光子能量的增加而急剧下降。

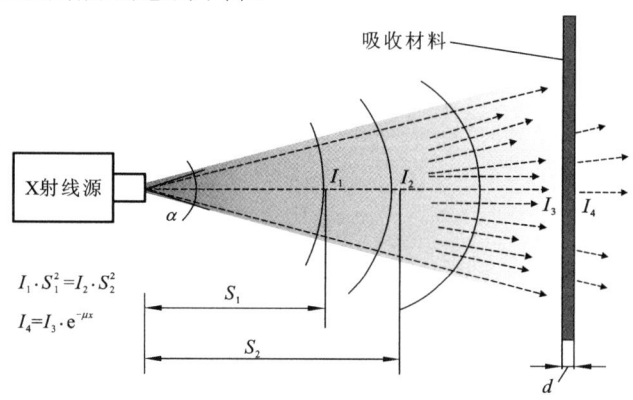

图 3.8 X 射线束锥和衰减现象

I 表示 X 射线强度；S 表示距离；d 表示材料厚度

利用 X 射线成像系统可检测环氧树脂浇注件柱式绝缘子的气泡缺陷，检测时应该注意探头的位置，探头位置不同造成的结果也大不相同。绝缘子中存在金属颗粒，会引发附近电场集中，加重表面电荷积聚，引发绝缘子沿面闪络。不同绝缘子金属颗粒会对 X 射线成像系统检测结果产生影响，微粒设置在绝缘子底部，X 射线检测法能够有效检测铜金属微粒缺陷，但对于铝金属微粒，检测效果较差[24]。对于气隙、裂纹等缺陷，X 射线图像方法采用基于 transformer 的深度学习方法，并采用上下文注意机制（context-aware attention）对缺陷区域内的像素进行加权，提高了缺陷识别检测方法的精度。对于自由金属颗粒、金属异物等缺陷，其成像效果更为明显，检测性能提升较小。X 射线成像图如图 3.9 所示，可以看出，X 射线检测的图像噪声严重，识别准确度相对较低，缺陷容易淹没。此外，由于检测仪器较大，无法在现场进行检测。

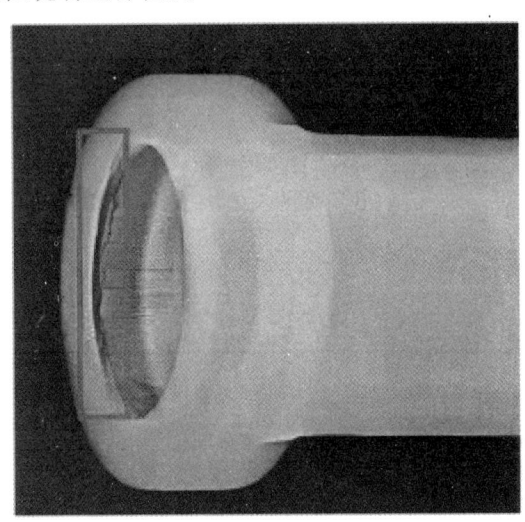

图 3.9　X 射线成像图

3. 基于热学特性的缺陷检测方法

1）电磁感应热成像检测

电磁感应热成像技术结合了涡流和红外热成像检测技术的优点，可以快速、准确、直观地检测金属等导通性材料的内部缺陷[25]。电磁感应热成像技术具有非接触、高灵敏度和可视化等优点，涡流由诱导剂诱导产生，使绝缘材料升温。缺陷的存在影响涡流分布，通过表面温度场分布显示缺陷信息。当热量在导通性绝缘子传导时，缺陷的存在会干扰涡流分布或影响热传导过程；对于非导通性绝缘子的导通缺陷，在缺陷内会产生大量焦耳热，并在非导通性绝缘子中传导，在材料表面以异常温度分布的形式呈现。如图 3.10 所示，对获取的热图序列进行分析和处理，可以判定内部导通性缺陷的存在。

研究表明，电磁感应热成像技术可检测绝缘子裂纹缺陷，在对复合材料加热 200 ms 时，比较不同裂纹深度的灰度值，可以看到灰度值响应曲线线性增加。缺陷深度越大则灰度值越大，即温度越高。相对于其他浅层缺陷，在缺陷深度为 4 mm 时，缺陷处的温升最大。采用电磁感应热成像技术对绝缘子缺陷进行检测时，被检测试样表面温度容易受到环境影响出现噪声，检测结果可能出现偏差。

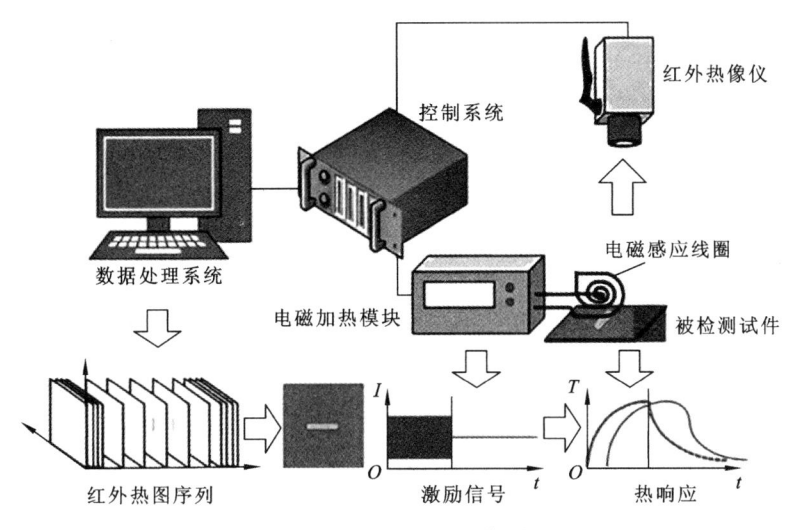

图 3.10 电磁感应热成像原理图

2）频域热特征成像检测

频域热特征成像检测结合了主动式红外热成像法和周期激励红外热成像法，可用来检测绝缘子缺陷。在频域热特征成像检测中，热像仪采集到序列热图，对任一像素点的温度时间响应做离散傅里叶变换，得到频域响应，并计算得到该点的幅值谱和相位谱。采样时间间隔的长短各有其效果，时间间隔长则可以提高分辨率并能获得较为完整的热图序列；时间间隔短则可以拓宽频谱范围，这对缺陷检测的频谱分析是较为有利的。样品温度变化的有效部分大多集中在低频段，而热图缺陷在低频段内的幅值图和相位图表现更为明显，较高的频段则会出现噪声。基于频域热特征成像检测技术，随着传播深度增加脉冲热流急剧衰减，时序热图缺陷识别效果不理想，而较高频率的热图会引入较多的噪声；缺陷离表面越远，检测效果越不明显。

3.1.5 检测方法的优缺点对比

目前，国内外学者对绝缘子缺陷的检测提出了很多的方法，但单个检测方法具有局限性。

基于声学特性的检测方法中，超声导波方法和非线性超声检测方法主要针对绝缘子气泡、裂纹等缺陷进行检测。共同优点包括：检测效率高、检测速度快、灵敏度高。超声导波检测方法成本较低，可快速定位到缺陷的位置，也可精确区分缺陷的类别，但仅限于断电检测，对缺陷定位精度不够；非线性超声检测方法能够对材料早期性能退化、结构内部微损伤和复杂形状结构进行检测，是传统超声检测方法的进一步发展，并且能对微损伤进行定位，但易受外界环境影响，抗干扰能力较弱。

基于光学特性的 X 射线检测方法能够直观地显示缺陷影像，并且便于对缺陷进行定性、定位和定量。X 射线检测能够进行可视化无损检测，并且检测结果可长期保存，但其射线对人体有害，需要保护措施且探测距离与灵敏度较低，并且背景噪声严重，不利于成像。

基于热学特性的检测方法中电磁感应热成像检测和频域热特征成像检测都具有检测速度快、检测结果形象直观的特点，并且都可定量化检测。电磁感应热成像检测方法可检测具有高导通性的材料缺陷，还能更好地区分背景和缺陷，但被检测试样表面温度容易受到环境影响出现噪声，检测结果可能出现偏差；频域热特征成像检测方法具备非接触测量、可定量测量等优点，具有广阔的应用前景，但随着传播深度增加，时序热图缺陷识别效果不理想，高频率热图噪声大，缺陷距离表面越远，检测效果越不明显。

绝缘子是高压电气设备不可或缺的一部分，而绝缘子缺陷可能会加剧电场的畸变，还会造成表面电荷积聚，影响电场分布，严重时会发生沿面闪络，致使闪络电压严重下降，影响高压电气设备的安全运行。因此需要加深对绝缘子缺陷有效检测的研究。上述对绝缘子缺陷的无损检测方法虽然具有其各自不同的优点，但大多具有一定的局限性，因此需要一种抗干扰能力强、能够带电检测、检测灵敏度高、对缺陷精准定位、准确区分各种缺陷的外绝缘设备无损检测方法。无损检测方法在检测绝缘子缺陷上发挥着重要的作用，考虑检测方法的优势和劣势，具有健康监测、在线监测、综合检测等优点的无损检测方法可以避免人为错误，对提高缺陷检测的准确性和有效性有着较大的帮助。

3.2　太赫兹在常见外绝缘材料中的传播特性

太赫兹波是一种频率介于红外波和微波之间的电磁波，通常也被称为亚毫米波，其频率在 0.1～10 THz，波长范围在 30 μm～3 mm，有着很多特殊的物理与化学性质，引起了人们对太赫兹领域广泛的关注。低功率太赫兹波对生物组织完全无害，其辐射可以穿透多种非导电材料，包括塑料、聚合物和陶瓷等物质，经过在材料中的传播，太赫兹波的时域与频域特性将会发生变化，通过分析在样品中反射及透射后得到的太赫兹波形，可以得到被检测材料的折射率及介电常数等参数。

3.2.1 在硅橡胶中的传播特性

根据不同的辐射原理,可大致将太赫兹成像技术分为连续波太赫兹与脉冲波太赫兹成像技术。连续波太赫兹发射源发出的信号是连续的,其发射源可以提供相对脉冲发射源更高的辐射强度。当太赫兹波照射绝缘子时,硅橡胶内部的缺陷或表面损坏会发生散射效应,进而影响太赫兹波的强度分布,根据接收到衰减程度不同的信号,就可以对被测试物品进行成像,并根据灰度值推断绝缘子内部的结构、缺陷或损坏位置。因此,一般连续太赫兹波成像在根本上是对信号强度的成像。连续太赫兹波系统结构相对简单,价格低廉,且能在较短的时间内成像,具有广阔的应用前景。脉冲太赫兹波成像是在一个信号周期内,仅在一定的时间内发出信号,此信号被脉冲式太赫兹接收器获取,再经过处理后即可成像。与连续波太赫兹成像技术不同,由于系统采用逐点扫描的成像方法,图像中每个像素点都对应一个时域波形,其信息量非常庞大,这样就会使得太赫兹波谱能够提供更多更精确的信息,以得到该点的相位幅值信息,进而可以分析样件的内部空间分布并进行成像。虽然脉冲太赫兹方法更加精确,但也造成了成像时间过长的问题,因此该方法更适用于小体积的精确成像[26]。

太赫兹波在绝缘介质中的传播过程符合光的反射定律,在两介质交界面传播时,两侧介质折射率的差异,会使其产生反射波与折射波,一般在用太赫兹检测绝缘子时是垂直入射,为让演示更清晰,使之略有角度,如图 3.11 所示。

图 3.11 中,$E_{ri}(i=1,2,\cdots,n)$ 为多次反射产生的反射波;$E_{fi}(i=1,2,\cdots,n)$ 为多次反射产生的透射波[2,3]。

任何复杂的电磁波都可以分解成许多均匀电磁波,而太赫兹信号是其中一种较高频率的电磁波,波矢量是描述电磁波传播特性的一个重要参数[26]。波在理想介质中的传播

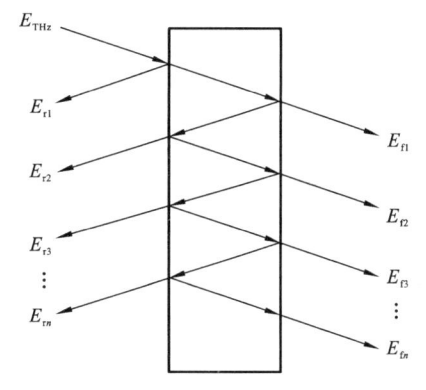

图 3.11 太赫兹波在介质中的传播模型

$$\boldsymbol{k} = \boldsymbol{e}_n k = \boldsymbol{e}_n \omega \sqrt{\mu\varepsilon} \tag{3.1}$$

式中:e_n 为波传播方向的单位矢量;波矢量的大小为波数 k;ω 为角频率;μ 为磁导率;ε 为介电常数。波矢量可表征电磁波的相位、相速、波长及衰减等参数。

当波在理想介质中传播时,由式(3.2)可知,波的幅值不会发生衰减。若电

磁波在有损耗介质中传播，波矢量则表示为

$$k_c = e_n \omega \sqrt{\mu \varepsilon} = e_n \omega \sqrt{\mu \left(\varepsilon - j \frac{\sigma}{\omega} \right)} \tag{3.2}$$

可以看出，当介质的电导率不为零时，介质变为有损耗介质，相比理想介质，波在该介质中传播将发生波形的衰减。同时，当波从一种媒介入射到另一种媒介时，在介质分界面上波会发生反射，反射系数与波阻抗有关，有损介质中的波阻抗 η 可表示为

$$\eta = \sqrt{\frac{\mu}{\varepsilon}} \left[1 + \left(\frac{\sigma}{\omega \varepsilon} \right)^2 \right]^{-1/4} e^{j \frac{1}{2} \arctan \left(\frac{\sigma}{\omega \varepsilon} \right)} \tag{3.3}$$

当电磁波在分界面上从介质 1 垂直入射到介质 2 时，若它们的波阻抗分别为 η_1 和 η_2，则反射系数 Γ_1 为

$$\Gamma_1 = \frac{\eta_2 - \eta_1}{\eta_2 + \eta_1} \tag{3.4}$$

透射系数 Γ_2 为

$$\Gamma_2 = \frac{2\eta_2}{\eta_2 + \eta_1} \tag{3.5}$$

由以上两式可知，当把太赫兹波垂直射入硅橡胶中时，波在硅橡胶中将会有一定的能量损耗，且会造成最后的反射波和入射波幅值与相位不同，信号在绝缘介质中传播时将发生多次折反射，更加剧了信号在介质中的传输损耗。

信号在介质中的传输损耗特性可用 S 参数来表示，又叫 scatter 参数，即散射参数，它用来描述传输通道在高频信号励磁下的电气特性并以频域的形式表现出来。当传输介质不同时，测量到的反射波和透射波大小会不同，即不同特性的传输介质会对相同的输入信号表现出不同的散射程度，这种不同的散射程度就可以用来描述该介质的特性，S 参数中常用到的是 S_{11} 参数和 S_{21} 参数，分别称为回波损耗（return loss）和插入损耗（insertion loss），表达式可写为

$$S_{11} = \frac{b_1}{a_1} \tag{3.6}$$

$$S_{21} = \frac{b_2}{a_1} \tag{3.7}$$

式中：a_1 为输入功率；b_1 为反射功率；b_2 为透射功率。

由于 S 参数是以比值的形式表示，S 是一个小于 1 的正数，为了对比起来更方便，常以 dB 的形式描述，二者转换关系如下：

$$S_{dB} = 20 \lg S \tag{3.8}$$

因此，在相同的入射功率下，随着绝缘子老化程度的增加，信号在其中传播

的损耗越大，回波损耗和透射损耗也越大。因此，通过比较不同绝缘子太赫兹波的 S 参数，可进一步判断绝缘子的老化状态。

但考虑到最终目的，为实现绝缘子老化的现场检测，对绝缘子使用反射测量较为合适，而透射测量则不符合实际且不利于现场测试。表示反射数据的方式为回波损耗，回波损耗可理解为反射信号与入射信号之间的 dB 差值，从单位 dB 角度来看，当阻抗完全匹配时，回波损耗为 0 dB。

通过模拟太赫兹信号在硅橡胶绝缘子中的传播，探究太赫兹传播特性的规律。仿真平台选择德国 CST 公司开发的 CST Studio Suite，中文名称为 CST 工作室套装，为有效计算太赫兹波在硅橡胶材料内的透射反射情况，软件计算采用的是有限积分法，适用于宽带频谱的仿真计算。

在硅橡胶绝缘子模型厚度设定上，考虑到厚度过大会造成太赫兹波的过量衰减，过薄则达不到测量所需信噪比，在做硅橡胶绝缘子老化实验时一般将厚度设置为 2~4 mm。因此在仿真模型搭建时取硅橡胶厚度为 3 mm，图 3.12 为在 CST 中建立的硅橡胶切片示意图，使用太赫兹脉冲射线垂直入射，考虑到手持式太赫兹检测仪大多为低频太赫兹，因此将射线频率设为 0.17~0.22 THz，脉冲波形如图 3.13 所示。

图 3.12 太赫兹脉冲射线模拟入射示意图

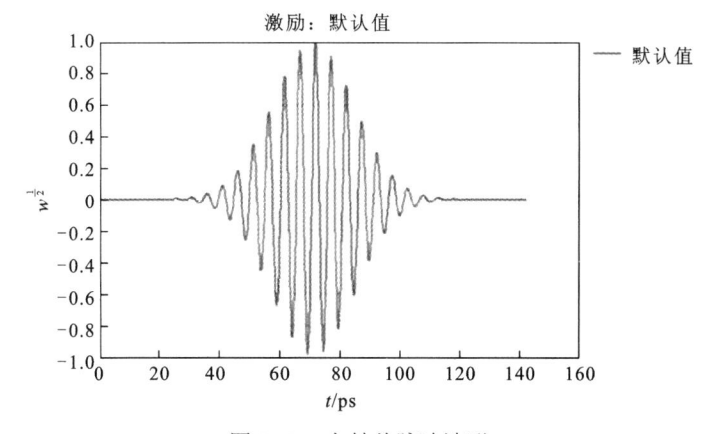

图 3.13 太赫兹脉冲波形

设定硅橡胶材料为均匀介质，为了简化计算，模型大小设置为 0.5 mm× 0.5 mm×3 mm，在介质分界面上分别设置探针来记录时域波形。整个模型的背景材料设置为普通类型，材料设置为真空，计算并记录不同 ε 下太赫兹信号传播的 S 参数以供后续分析。

设置硅橡胶复合绝缘子的介电常数为 2.209 71，将太赫兹信号入射硅橡胶绝缘子薄片，记录反射波与透射波，如图 3.14 与图 3.15 所示。

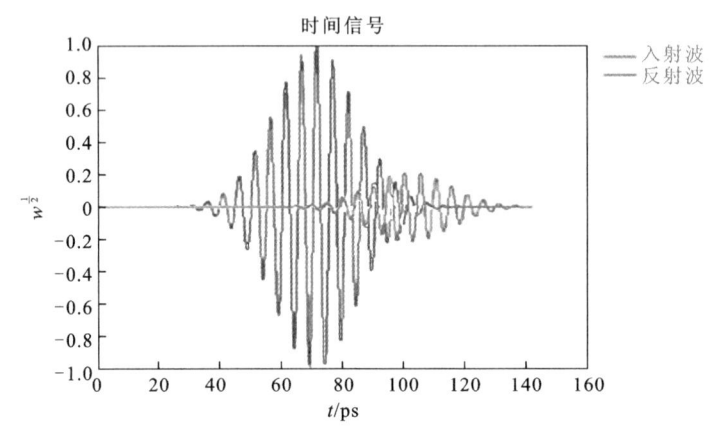

图 3.14 入射波与反射波

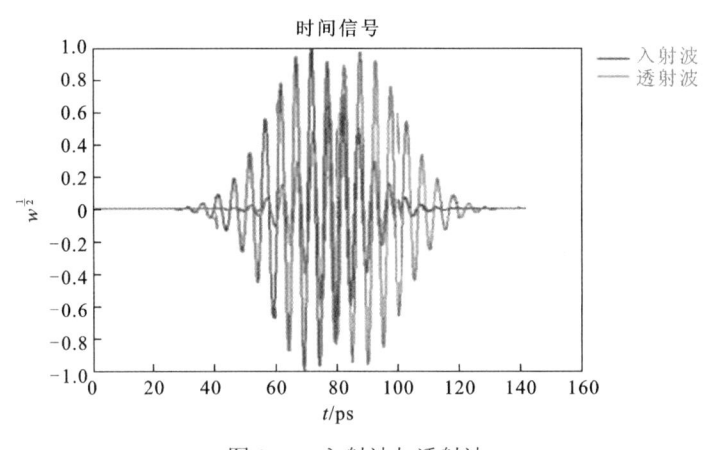

图 3.15 入射波与透射波

从图 3.14、图 3.15 可以看出，在硅橡胶中，太赫兹信号的反射波和透射波相比于入射波而言均有一定的延迟。由相位关系可以看出，反射波相位在透射波之后，说明反射波是由太赫兹信号已经进入绝缘介质之后，在另一侧的绝缘介质与空气交界面上反射得到的。由波形形状看出，反射波的幅值较低，约占入射波幅值的 20%，而透射波幅值较高，约占入射波幅值的 95%。

之后改变介电常数 ε，并将时域的数据变换到频域，比较不同介电常数对回波损耗 S_{11} 参数的影响，如图 3.16 所示。

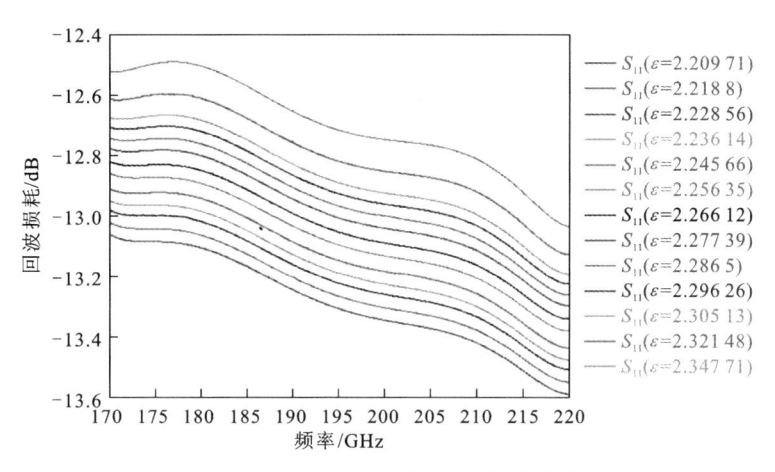

图 3.16　不同介电常数下 S_{11} 幅值曲线

纵向来看，当介电常数从 2.209 71 逐渐增加到 2.347 71 时，S_{11} 参数也随之增加，绝对值逐渐减小，这说明了太赫兹信号在介质中的传播确实受到材料介电常数的影响；而横向来看，每条代表不同介电常数的曲线在整个 170~220 GHz 频段区域内变化趋势几乎一致。在 170~180 GHz 频段中回波损耗变化较小，此后在 180~200 GHz 频段内回波损耗开始大幅度下降，且不同介电常数的下降速率都相差不大。在 200~210 GHz 频段，其下降速率稍微平缓，但在 210~220 GHz 频段内下降速率再次增大，所有曲线整体上随着频率增加，其回波损耗逐渐下降。

以上为 S_{11} 参数在幅值上的体现，S_{11} 参数的相位曲线如图 3.17 所示，S_{11} 参数的相位表示反射波与入射波相位之差，观察可得，随着介电常数的变化，不同曲线之间的变化规律与 S_{11} 的幅值变化相同。以 $\varepsilon=2.209\,71$ 时的曲线为例，在整个频段内，相位从 57.7°开始随频率减小，在 190 GHz 时减小到-180°，随后从 180°开始继续减小至 220 GHz 时的-140.28°。随着介电常数的增加，曲线可看作在整个频段内向左平移，变化得越大，曲线向左平移得越多。

将图 3.16 中的 S_{11} 曲线在整个频段内各取均值，得出随着介电常数的增加，太赫兹信号 S_{11} 参数平均值的变化曲线，如图 3.18 所示。

从图 3.18 中可以看出，随着硅橡胶材料介电常数的增加，太赫兹信号在其中传播的 S_{11} 参数近似线性增加，即介电常数与 S_{11} 参数呈正比例关系。由此可知，在实际实验中，绝缘子老化特性由多种复合因素决定，其中主要因素为分子链断

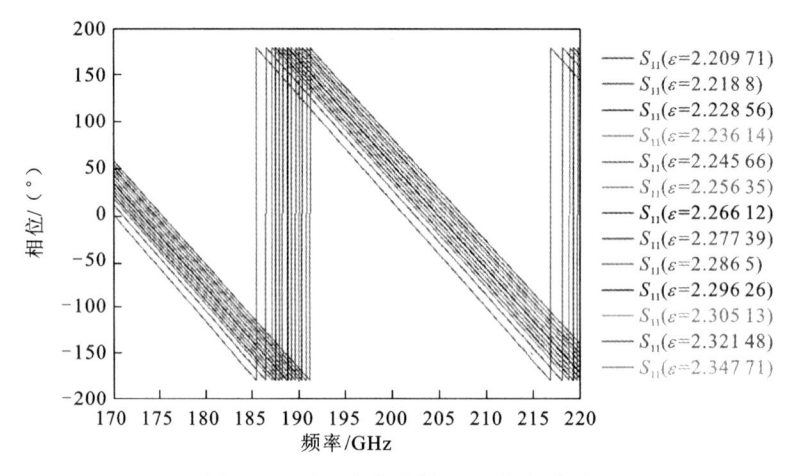

图 3.17　不同介电常数下 S_{11} 相位曲线

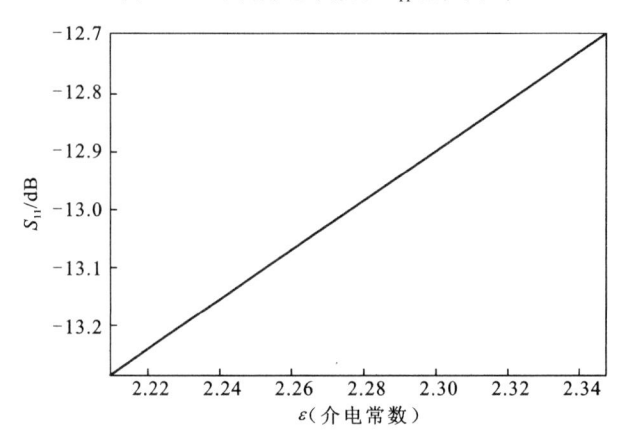

图 3.18　S_{11} 随介电常数的变化曲线

裂带来的机械性能和绝缘性能的降低,而微观上分子链长度与分子介电常数相关联,成反比关系,因此可以将介电常数作为硅橡胶老化特性的评估标准,而介电常数又与回波损耗相关联,则只需要检测太赫兹信号在橡胶绝缘子中的回波损耗即可判断其老化程度[27]。

3.2.2　在电缆中的传播特性

折射率、吸收系数及介电常数等是用于描述物质宏观特性的重要物理量,也是开展材料物化分析等工作的基础。借助于太赫兹时域光谱方法,可以方便地提取材料的各类物理参数,避免了复杂的克拉默斯-克勒尼希(Kramers-Kronig,K-K)变换。

电磁波与物质之间的相互作用,可以利用麦克斯韦方程组来准确描述。透射与反射系数可以直接反映入射电磁波在介质分界面上的振幅变化,其数值关系可以由菲涅耳公式表示为

$$\begin{cases} t_{as}(\omega) = \dfrac{2\tilde{n}_a(\omega)\cos\beta}{\tilde{n}_s(\omega)\cos\theta + \tilde{n}_a(\omega)\cos\beta} \\ r_{as}(\omega) = \dfrac{\tilde{n}_s(\omega)\cos\theta - \tilde{n}_a(\omega)\cos\beta}{\tilde{n}_s(\omega)\cos\theta + \tilde{n}_a(\omega)\cos\beta} \end{cases} \quad (3.9)$$

式中:ω 为 THz 波的角频率;$\tilde{n}_a(\omega)$ 为 THz 波在空气中传播的复折射率;$\tilde{n}_s(\omega)$ 为 THz 波在样品中传播的复折射率;θ、β 分别为入射角与折射角;下标 a、s 分别为空气介质和样品介质。

同时由斯涅尔定律即折射定律,得到折射率与折射角之间的关系为

$$\tilde{n}_a(\omega)\sin\theta = \tilde{n}_s(\omega)\sin\beta \quad (3.10)$$

具有一定厚度的测试样品可被视作一个腔体,太赫兹波在此腔体中来回折反射,即法布里-珀罗效应。实际上,穿过媒质的 THz 信号应是首次透射及 THz 在腔体内多次反射后的透射信号的累积效应,如图 3.19 所示。

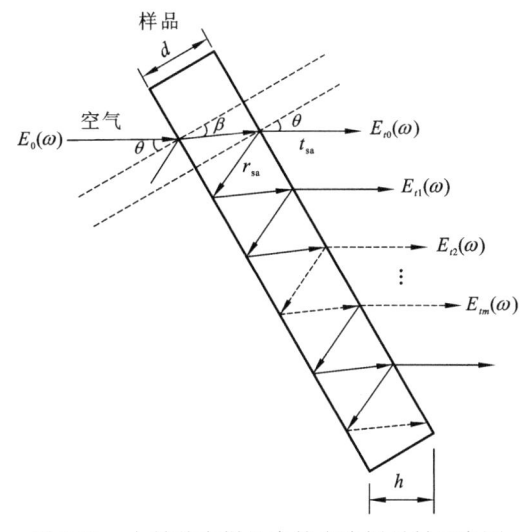

图 3.19 太赫兹在样品中的多次折反射示意图

太赫兹波在传播过程中,其幅值与相位均会发生变化,假设太赫兹波在介质中传播了距离 L,得到传播因子为

$$p(\omega, L) = \exp\left(\dfrac{-\mathrm{j}\tilde{n}(\omega)\omega L}{c}\right) \quad (3.11)$$

式中:c 为电磁波在真空中的传播速度;$\tilde{n}(\omega)$ 为电磁波的复折射率。那么,对于

参考信号，便有

$$E_{\text{ref}}(\omega) = E_0(\omega) p_{\text{a}}(\omega, L) = E_0(\omega) \exp\left(\frac{-\mathrm{j}\tilde{n}_{\text{a}}(\omega)\omega L}{c}\right) \quad (3.12)$$

式中：$E_0(\omega)$ 为原始发射信号；$p_{\text{a}}(\omega, L)$ 为太赫兹波在空气中的传播因子。

假设未放置样品时太赫兹波在空气中的传播总距离为 Z，样品厚度为 d，则沿着光线传播方向上的投影距离为 $h = d\cos\theta$。当样品放置后，太赫兹波在空气介质中传播的距离为 $Z - h$。根据图3.19，由几何关系可得

$$\begin{cases} h = x\cos(\theta - \beta) \\ x = \dfrac{d}{\cos\beta} \end{cases} \quad (3.13)$$

式中：x 为单次反射的光路长度。

假设样品的透过率为 t_{as}（由空气入射样品），反射率为 r_{sa}（由样品入射空气），那么考虑样品内的多次折反射，便得到样品信号为

$$\begin{aligned} E_{\text{sam}}(\omega) &= E_{t0}(\omega) + \sum_{i=1}^{\infty} E_{tk}(\omega) \\ &= E_0(\omega) P_{\text{a}}[\omega, (Z-h)] t_{\text{as}} P_{\text{s}}(\omega, x) t_{\text{sa}} \cdot \left(1 + \sum_{k=1}^{\infty} [r_{\text{sa}}^2 P_{\text{s}}^2(\omega, x)]\right) \end{aligned} \quad (3.14)$$

式中：$E_{t0}(\omega)$ 为首次透射波幅度；k 为反射的回波次数；$E_{tk}(\omega)$ 为第 k 次反射造成的回波；P_{a}、P_{s} 分别为太赫兹波在空气和样品中的传播因子。据式（3.12）与式（3.14）得到 $E_{\text{ref}}(\omega)$ 和 $E_{\text{sam}}(\omega)$，进而可以计算出传输函数为

$$\begin{aligned} \hat{H}(\omega) &= \frac{E_{\text{sam}}(\omega)}{E_{\text{ref}}(\omega)} \\ &= \frac{4\tilde{n}_{\text{a}}(\omega)\tilde{n}_{\text{s}}(\omega)\cos\theta\cos\beta}{[\tilde{n}_{\text{a}}(\omega)\cos\beta + \tilde{n}_{\text{s}}(\omega)\cos\theta]^2} \\ &\quad \cdot \exp\left(\frac{-\mathrm{j}[x\tilde{n}_{\text{s}}(\omega) - h\tilde{n}_{\text{a}}(\omega)]\omega}{c}\right) \text{FP}(\omega) \end{aligned} \quad (3.15)$$

式中：$\text{FP}(\omega) = 1 + \sum_{k=1}^{\infty} (r_{\text{sa}}^2 P_{\text{s}}^2(\omega, x))^k$ 为法布里-珀罗效应因子，是由多次折反射的回波叠加而造成的。

法布里-珀罗效应所带来的干扰会给原始信号提取造成困难，本节通过控制目标样品的厚度，从而增大电磁波反射的光程，使得回波信号与目标信号在时域上分离，这样采用合适的取样窗口可以将 THz 主脉冲提取出来，从而消除法布里-珀罗效应对采集信号造成的影响，此时便有 $\text{FP}(\omega) = 1$。于是传输函数简化为

$$\hat{H}(\omega) = \frac{4\tilde{n}_a(\omega)\tilde{n}_s(\omega)\cos\theta\cos\beta}{[\tilde{n}_a(\omega)\cos\beta + \tilde{n}_s(\omega)\cos\theta]^2} \cdot \exp\left(\frac{-\mathrm{j}[x\tilde{n}_s(\omega) - h\tilde{n}_a(\omega)]\omega}{c}\right) \quad (3.16)$$

含有气隙缺陷的样品可以被视为 A-B-A 型的复合结构，太赫兹波在气隙缺陷中的传播如图 3.20 所示。

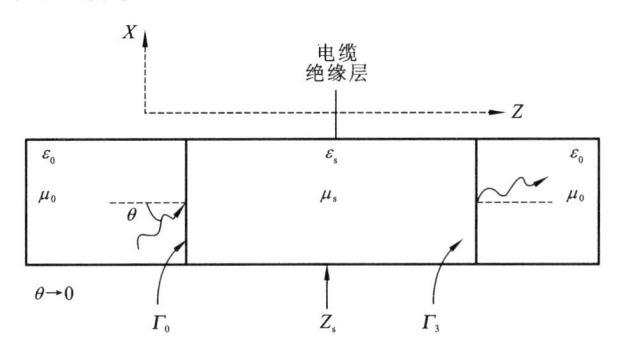

(a) THz波在完好电缆中的传播

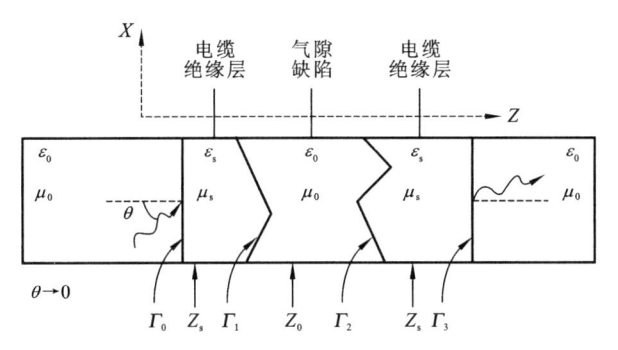

(b) THz波在含有气隙的电缆中的传播

图 3.20 太赫兹波在气隙缺陷中的传播示意图

电缆气隙缺陷可以看作 XLPE-空气-XLPE（XLPE 为交联聚乙烯，crosslinked polyethylene）的三层结构，THz 波在完好样品处与缺陷处的传播规律可以用图 3.20 表示。①相比于完好的电缆绝缘层，THz 波在穿过 XLPE 气隙缺陷时，多经过了 $\varGamma_1$ 和 $\varGamma_2$ 两个分界面。这两个分界面分别代表了气隙腔的前后表面，THz 波在此处反射，其能量被进一步损耗。②依据已有资料，空气的折射率比 XLPE 材料小，对气隙缺陷而言，空气部分替代了 XLPE，因而样品的整个光程减小。基于以上两点分析，对于缺陷信号，在太赫兹时域谱上应会有幅值下降与波形前移的情况出现。

同时，经过二次反射的太赫兹波信号相比于主信号而言，在气隙腔内多传播了 $\varDelta = 2nL$ 的光程差，其中，n 为介质中的折射率，L 为电磁波的传播路程，因而在时域上二次干扰信号与主信号相比会有一定的时间延迟,如图 3.21 所示。

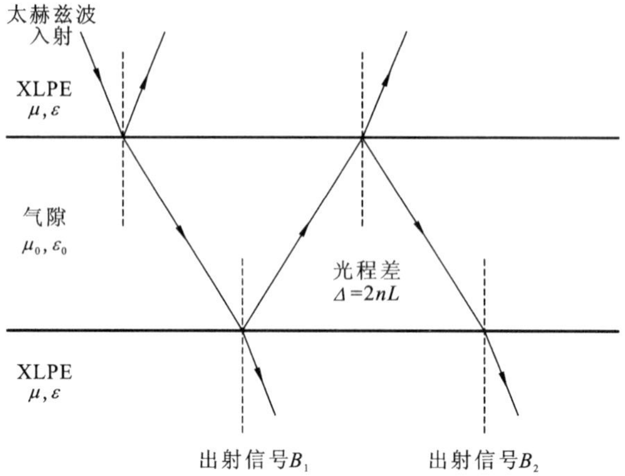

图 3.21 太赫兹波在气隙缺陷中的折反射示意图

由于太赫兹波在气隙腔前后两个表面来回反射所带来的损耗,理论上,与完好 XLPE 的太赫兹信号相比,气隙缺陷处的信号波形在幅值上应该会有一定的减小;另外,如果反射的信号能量足够高,该回波信号会再次被接收器检测到,从而可能会导致在所检测到的信号波形上出现前后两个波形。

参 考 文 献

[1] Wang J, Hu Q, Chang Y, et al. Metal particle contamination in gas-insulated switchgears/ gas-insulated transmission lines[J]. CSEE Journal of Power and Energy Systems, 2019, 7(5): 10111025.

[2] Wang Z K, Liu M B, Yang X. Scaling laws of the lifting height of a conductive particle in a gas insulated switchgear[J]. Journal of Physics D: Applied Physics, 2021, 54(25): 255501.

[3] Zhao C H, Tang Z G, Zhang L G, et al. Entire process of surface discharge of GIS disc-spacers under constant AC voltage[J]. High Voltage, 2020, 5(5): 591-597.

[4] 高晋文, 叶严军, 于卓琦, 等. 含有裂纹缺陷的 GIS 盆式绝缘子的静力特性及其影响因素分析[J]. 高压电器, 2020, 56(12): 251-256.

[5] 于卓琦. 裂纹缺陷对 GIS 盆式绝缘子的影响及检测方法研究[D]. 长春: 东北电力大学, 2021.

[6] 陈鸣鸣. GIS 盆式绝缘子气泡缺陷局部放电特性研究[D]. 北京: 中国矿业大学(北京), 2020.

[7] 庄丞, 曾建斌, 袁传镇. 表面异物对 252 kV 气体绝缘组合电器盆式绝缘子绝缘性能的影响[J]. 电工技术学报, 2019, 34(20): 4208-4216.

[8] Ueta G, Wada J, Okabe S, et al. Insulation characteristics of epoxy insulator with internal void-shaped micro-defects[J]. IEEE Transactions on Dielectrics and Electrical Insulation, 2013, 20(2): 535-543.

[9] Ueta G, Wada J, Okabe S, et al. Insulation characteristics of epoxy insulator with internal delamination-shaped micro-defects[J]. IEEE Transactions on Dielectrics and Electrical Insulation, 2013, 20(5): 1851-1858.

[10] Ueta G, Wada J, Okabe S, et al. Insulation characteristics of epoxy insulator with internal crack-shaped micro-defects-fundamental study on breakdown mechanism[J]. IEEE Transactions on Dielectrics and Electrical Insulation, 2013, 20(4):1444-1451.

[11] Ueta G, Wada J, Okabe S, et al. Insulation performance of three types of micro-defects in inner epoxy insulators[J]. IEEE Transactions on Dielectrics and Electrical Insulation, 2012, 19(3): 947-954.

[12] 胡芳芳. GIS 盆式绝缘子内部缺陷应力和电场仿真及其检测方法研究[D]. 保定: 华北电力大学, 2017.

[13] Li X, Liu W D, Xu Y, et al. Discharge characteristics and detectability of metal particles on the spacer surface in gas-insulated switchgears[J]. IEEE Transactions on Power Delivery, 2022, 37(1): 187-196.

[14] Meng X L, Song H, Dai J J, et al. Severity evaluation of UHF signals of partial discharge in GIS based on semantic analysis[J]. IEEE Transactions on Power Delivery, 2022, 37(3): 1456-1464.

[15] Zheng Y, Hao Y P, Liu L, et al. An ultrasonic nondestructive testing method for density uniformity of basin-type insulators in GIS[J]. IEEE Transactions on Instrumentation and Measurement, 2021, 70: 1-8.

[16] Rmor A, Heredia L C, Muñoz F. A magnetic loop antenna for partial discharge measurements on GIS[J]. IEEE International Journal of Electrical Power & Energy Systems, 2020, 115: 105514.

[17] 何柏娜, 孔杰, 宁家兴, 等. 存在气泡缺陷的盆式绝缘子电场仿真分析[J]. 绝缘材料, 2019, 52(5): 86-92.

[18] Ji H X, Li C R, Ma G M, et al. Partial discharge occurrence induced by crack defect on GIS insulator operated at 1 100 kV[J]. IEEE Transactions on Dielectrics and Electrical Insulation, 2016, 23(4): 2250-2257.

[19] 王克胜, 赵彦平, 原帅, 等. 基于电场计算及模态分析的 220 kV GIS 盆式绝缘子裂纹缺陷检测方法研究[J]. 电网与清洁能源, 2021, 37(8): 32-38, 47.

[20] 苏耕, 伍维健, 周峻, 等. 残余应力测试方法在 GIS 盆式绝缘子中的应用前景[J]. 绝缘材料, 2017, 50(3): 1-5.

[21] 李冬娜. 树脂基复合材料固化行为的多尺度仿真研究[D]. 兰州: 兰州理工大学, 2018.

[22] 陈承相, 李永飞, 郝留成, 等. 1 100 kV GIS 绝缘子固化过程应力分布仿真研究[J]. 中国电机工程学报, 2022, 42(13): 4992-5001.

[23] 李永飞, 姜映烨, 郝留成, 等. 1 100 kV GIS 盆式绝缘子气泡缺陷下的有限元应力分析[J]. 绝缘材料, 2020, 53(7): 57-61.

[24] Li T H, Pang X H, Jia B Y, et al. Detection and diagnosis of defect in GIS based on X-ray digital imaging technology[J]. Energies, 2020, 13(3): 661.

[25] Tuschl C, Oswald-Tranta B, Eck S. Scanning inductive thermographic surface defect inspection of long flat or curved work-pieces using rectification targets[J]. Applied Sciences, 2022, 12(12): 5851.

[26] 徐立勤, 曹伟. 电磁场与电磁波理论[M]. 2 版. 北京: 科学出版社, 2010.

[27] 师涛, 罗康顺, 李传秋, 等. 太赫兹信号在老化硅橡胶中的传播特性仿真研究[J]. 电气应用, 2021, 40(12): 43-49.

第4章 基于太赫兹的内绝缘设备无损检测方法

4.1 内绝缘设备无损检测需求

根据《绝缘配合第1部分：定义、原则和规则》（GB 311.1—2012）4.3 内绝缘的定义：设备内绝缘为不受大气和其他外部条件影响的设备的固体、液体或气体绝缘[1]。电力变压器是电力系统不可或缺的一部分，电力变压器在电力系统运行中出现故障，会对电力系统产生各种不同程度的损坏，当电力变压器产生的故障类型不同时，对电力系统所造成的影响程度自然也是不同的。电力系统从发电厂开始，通过导线导通、变压器的升降压，将电能从发电厂输送到各地的负荷，使得各个用电设备正常生产、工作。如果其中没有变压器，那么将无法实现电压的升降，这会使得电能大量损耗在输送电能的导线上，这就大大降低了电能的性价比。长距离的电能输送将导致电压降落，没有电力变压器升高电压，电能输送至负荷端时可能达不到负荷电压要求，甚至可能出现电能输送距离有限，无法输送至负荷端的情况。

正因为电力变压器在电力系统中起到至关重要的作用，所以电力系统的正常运行中变压器故障对整个系统有很大的影响，不同位置的电力变压器由于在电力系统中的重要程度存在差异，其出故障时对电力系统的影响也就存在差异，例如 500 kV 变压器故障，其断路器动作跳闸后，此变压器原本的供电范围若无其他线路转供电，将出现大规模停电，对电力系统造成巨大的影响；若有其他线路转供电，则其供电范围内用电负荷将由其他线路承担，导致其他线路的供电量需求大大提高，其流过的电流大于正常工作电流，这将有害于这些线路设备及其对应的变压器设备，长时间的过电流将使得线路出现故障并退出运行，使得电力系统进一步瘫痪。因此，电力变压器的故障诊断和状态监测需要及时发现，并提早对电力变压器的运行状态做出判断，这对电力系统的正常运行和供电可靠性尤为重要。电力变压器最脆弱的部分是绝缘系统，在已知的变压器事故中，约 80%的事故是由绝缘系统引起的[2]，由此可知，保障电力变压器的绝缘系统处于正常状态对维持其正常运行至关重要。承担变压器内部绝缘的主要物质为绝缘油和绝缘纸，且油纸绝缘组合能够显著提高其绝缘性能和机械性能。

4.1.1 绝缘油概述

1. 绝缘油的作用

变压器绝缘油是一种十分重要的液体绝缘介质，它通过浸渍和填充来消除设备内的气隙，从而提高绝缘强度，并能有效为设备散热。同时，绝缘油还有灭弧的作用，能有效降低电气设备故障的概率。目前普遍使用的绝缘油是由石油精炼得到的，统称为矿物绝缘油。矿物绝缘油在油浸式绝缘高电压设备中的应用始于20世纪初，它不仅具有良好的电气绝缘和冷却性能，而且应用成本低。绝缘油在电气设备运行时具有如下作用。

（1）使电气设备具有良好的热循环回路，以达到及时冷却散热的目的。

（2）提升相间、层间及电气设备的主绝缘性能，提高电气设备的绝缘强度。

（3）防止电气设备发生氧化或吸潮现象，保证电气设备的绝缘能力。

（4）在电气设备开关处，防止电弧的扩张，使电弧迅速熄灭。

目前广泛使用的矿物绝缘油基本上能满足上述绝缘油的要求，但其在实际生产运行中的安定度还有待提高。安定度是指抗绝缘老化的能力，绝缘油在电气设备中经过长时间运行后，可能产生各种程度的老化现象，绝缘性能大大降低。因此，在电气设备的运行过程中，必须采取适当的措施来防止绝缘油老化。

2. 绝缘油的分类及其特点

现在已知的液体绝缘油主要有三类，分别是：矿物绝缘油、合成绝缘油、植物绝缘油，它们各自的特点如下。

1）矿物绝缘油

绝缘油的基本要求是具有良好的安定度、介电性能、高温安全性、抗燃性能和低温性能。如图4.1所示，矿物绝缘油是一种特定馏分的石油产品，石油通常是深褐色的液体，极少数是透明状的，主要是各种烷烃、环烷烃、芳香烃的混合物。矿物绝缘油虽然具有良好的电气绝缘和冷却性能，并且应用成本低，但是研究发现一些影响其绝缘性能的物质难以去除，导致其介电性能很难提高，而且它的精炼工艺比较复杂，燃点一般也只有160 ℃，和植物绝缘油相比燃点要低很多，不能应用于防火性能要求高的场所，大大限制了其应用。随着人们对环境问题越来越关注，对绝缘油性能的要求也越来越高，矿物绝缘油很难自然降解，一旦发生了绝缘油泄漏事故，就会对环境造成严重污染。近年来，变压器过热或短路故障引起矿物绝缘油燃烧，造成变压器爆炸或矿物绝缘油泄漏事故频发，使其饱受诟病。矿物绝缘油属于不可再生产品，因此研究传统矿物绝缘油的替代品迫在眉睫。

（a）25号　　　　（b）50号

图 4.1　矿物绝缘油

2）合成绝缘油

合成绝缘油的研究始于20世纪30年代初，英国斯旺公司合成了名为 Askarel 的不燃油，它是一种极性液体，不仅具有好的电气性能，而且非常稳定，如图 4.2 所示，主要化学成分是多氯联苯（polychlorinated biphenyl，PCB），能够应用于电容器和变压器中，但人们发现 PCB 具有一定毒性，而且在不完全燃烧时能够生成二噁英，引发了严重的环保问题，20 世纪 60 年代世界各国都陆续限制了PCB 的使用[3]。1950 年美国研制了一种硅油作为电气绝缘油，它是一种链状结构的聚有机硅氧烷高分子物质，具有出色的耐热性能、绝缘性能和较低黏温系数，但与当时的电气设备兼容性不好，需要重新设计与之匹配的电气设备，直到二十多年后第一

图 4.2　合成酯

台与之匹配的变压器才发明出来，后来运行证明这种硅油绝缘油本质上生物降解性极差[4]。随后，科学家们相继发明了 Midel7131 油、ProecoTR20 油、Tetra 高能储能油（Tetra high energy storage oil，THESO）、Formel 油等系列合成绝缘油[5-7]。合成绝缘油基本都是通过化学合成的方法制备的高分子混合物，基本能满足电气

性能要求，而且与传统的矿物绝缘油相比，合成绝缘油改善了燃点低的缺点。但是由于合成绝缘油成本比矿物绝缘油高很多，例如硅油的价格是矿物绝缘油的三倍以上，而且普遍生物降解性也不好，因此合成绝缘油仅仅用在一些具有特殊要求的电气设备，并不能作为替代传统矿物绝缘油的首选。

3）植物绝缘油

植物绝缘油（图4.3）的研究同样始于20世纪初，几乎和合成绝缘油的研究同时进行。但是由于其具有流动性差、凝点高及安定度差等缺点，当时未能引起相关学者的重视[8-10]。随着绝缘技术的发展及人们对环境问题的关注，开发具有高燃点、易生物降解、可再生、环保型的液体绝缘介质已成为当今国内外研究的重点和热点课题。自20世纪末以来，通过精炼天然植物油得到的植物绝缘油，在成本、原料来源和对环境友好等方面均占有优势，已经成为替代传统矿物绝缘油的首选。

图4.3 植物绝缘油

3. 液体介质的击穿理论

变压器绝缘油属于液体电介质，目前采用"气泡理论"简单地解释纯净液体的放电，采用"小桥理论"解释工程电介质击穿。

1）气泡理论

由于液体介质相对不稳定，液体电介质中常常会产生一些微小气泡，当附近的场强较大时，气泡内部就会预先产生碰撞电离和雪崩现象。大量实验表明，液体中流注放电起源于液体中的气泡，因此气泡中的微放电常被认为是液体击穿的根本原因，尽管目前对气泡产生的原因还不清楚。也有实验研究表明当给液体施加皮秒级的脉冲电压时，液体击穿前并未产生气泡。因此气泡击穿理论仅可以用来解释宽脉冲（微秒及以上）作用下的液体放电，而在窄脉冲（皮秒或亚纳秒）条件下并不成立。

2）小桥理论

理论上绝对的纯净物是不存在的，实际的工程电介质中总是或多或少地含有一些水分和其他杂质，比如植物绝缘油就比较容易吸收空气中的水分。小桥理论认为，由于油中的杂质和水分的介电常数比油的介电常数（1.8~2.8）要大得多，其在电场力作用下容易定向排列形成"小桥"，如图4.4所示。当杂质小桥贯通两电极时,泄漏电流增大,使得油和水分发生气化,形成气体小桥,最终导致液体击穿。此外,液体中杂质的存在增强了液体中电场分布的不均匀性,即使排列形成的小桥不能贯穿两电极,这种电场分布的不均匀性也能有效降低液体的击穿电压,造成液体的局部放电[11-13]。

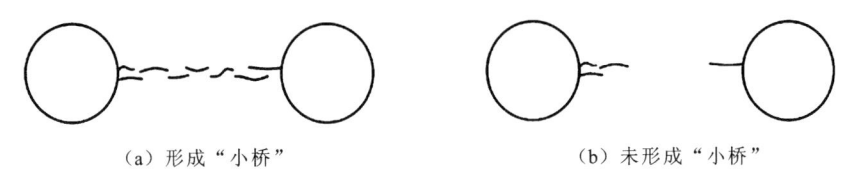

(a) 形成"小桥"　　　　　　(b) 未形成"小桥"

图 4.4　杂质在电极间定向示意图

有学者参考气泡理论提出了流注理论,液体中流注放电的形成最关键的问题是初始自由电子的产生。鉴于气体击穿理论中初始电子来源于光电离和各种辐射电离,而液体击穿过程中也有光电离作用,因此光电离在液体流注形成过程中也应起到一定的作用。尽管已经形成了不少液体中流注放电的机理及其相关的适用条件,但仍有许多问题还未明确,如液体中杂质、液体的静态压强、黏度、电导率对液体中流注形成的影响还不得而知,需要大量的实验和仿真研究。鉴于实验花费较高、难度大,且液体中放电过程快,实验获取的有效数据有限。

液体介质中的冲击电压放电会在极短的时间内发生能量转化,在高压电场的作用下,电极间液体分子被电离,从而在液体分子被电离的区域形成一条等离子体通道。随着电离区域的扩展,在电极间会迅速形成一条放电通道,导致液体被击穿。放电通道产生后,由于此时放电电阻很小,将产生几万安培的放电电流。极大的放电电流产生的热效应会加热放电通道周围液体,使液体介质局部气化并迅速向外膨胀。迅速膨胀的气腔外沿在水介质中产生强大的冲击波。冲击波随放电电流和放电时间的不同,以冲量或者冲击压力的方式作用于周围介质,引起液体介质中发生剧烈的声学、光学、力学、电磁辐射及化学效应[14]。

4.1.2　绝缘纸概述

1. 绝缘纸的作用及性能

纸质绝缘材料属于固体绝缘材料,广泛用于电线电缆、变压器和电容器等电气设备中,是非常重要的绝缘材料。变压器运行过程中不可避免地要受到温度、电、机械的应力和振动,及有害气体、化学物质、潮湿、灰尘和辐照等各种因素的影响,绝缘材料对这些因素更为敏感,容易变质劣化,致使电力设备损坏。因此,绝缘纸的性能直接影响相关设备的运行可靠性和使用寿命。

由于绝缘纸的特殊用途，要求其必须具备一些不同于其他纸种的特性，主要包括机械性能、电气性能和热稳定性等，不同厚度的绝缘纸板如图 4.5 所示。绝缘纸在使用过程中会受到各种外力的影响，因此要求有较高的机械性能，主要包括抗张强度和断裂伸长率。绝缘纸的电气性能主要包括介电强度、介电常数、介质损耗、电阻率等。介电强度是试样被击穿时，单位厚度承受的最大电压；介电强度越大，绝缘性能就越好。电介质在电场作用下的极化程度用介电常数 ε 表示，在交流电压作用下的损耗程度用物理量损耗角正切 $\tan\delta$ 表征。理论上来说，作为电网的各部件互相绝缘，介电常数 ε 越小，绝缘性能就越好；作为电容器的介质（储能），介电常数 ε 越大，绝缘性能就越好。同时，电介质材料一般要求具有尽可能低的 $\tan\delta$，因为 $\tan\delta$ 值过大会引起严重发热，使绝缘材料加速老化，甚至可能导致热击穿。电阻率是表征绝缘材料阻止电流通过能力的参数，绝缘材料应该具有很大的电阻。热稳定性也是绝缘纸很重要的一个指标，是产生低压绝缘老化的一个主要因素，决定其使用寿命。绝缘纸长时间在温度比较高的环境下使用，会因热老化而发脆，逐步丧失其机械性能和电气性能。国际电工委员会（International Electrotechnical Commission，IEC）绝缘系统技术委员会（TC98）根据绝缘纸的使用寿命，把绝缘系统按耐热性能分类为 Y、A、E、B、F、H、C、N 和 R（9 级），对应极限温度分别为 90 ℃、105 ℃、120 ℃、130 ℃、155 ℃、180 ℃、200 ℃、220 ℃ 和 250 ℃。

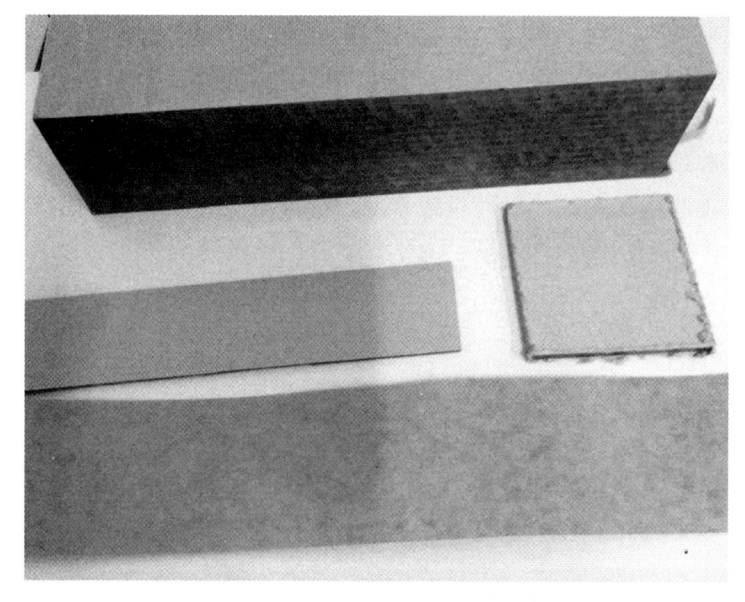

图 4.5 不同厚度的绝缘纸板示例

2. 绝缘纸的分类及其特点

从制备原料的角度出发，绝缘纸分为植物纤维绝缘纸、矿物纤维绝缘纸和合成纤维绝缘纸三类。

植物纤维绝缘纸具有价格低、机械强度大、尺寸容易控制、浸油后电气性能优良、环境友好等诸多优点，仍然是油浸变压器的首选绝缘材料。植物纤维绝缘纸最大耐温极限为130℃，作为B级绝缘纸，广泛用于电机马达、变压器、绕线管、电容器等。

矿物纤维绝缘纸是矿物纤维或无机物经热熔抄制而成，可分为云母绝缘纸、玻璃纤维纸和陶瓷绝缘纸。云母绝缘纸经过与薄膜、玻璃布等补强材料复合后，可以制成具有更高拉伸强度和绕包工艺性的云母带，已成为目前高压电机和大电机制造中不可替代的主绝缘材料，以云母绝缘纸为基材浸以适当的有机硅树脂，经叠后、烘焙、压制而制成云母板产品，该产品具有较好的电气绝缘性能和良好的耐热性，适合用作电机槽绝缘及匝间绝缘。用于电气绝缘的玻璃纤维通常是无碱玻璃，玻璃纤维具有耐高温、抗腐蚀、强度高、比重和吸湿低、延伸小及绝缘好等一系列优异特性。陶瓷纤维纸具有导热系数低、蓄热低、隔热性能良好、抗热震、耐侵蚀、电绝缘性好、隔音性能佳、机械强度好、弹性和柔韧性优良、便于加工安装等特点。

合成纤维绝缘纸种类繁多，如：聚酯纤维纸、聚芳酰胺纤维纸、聚砜纤维纸、聚噁二唑纤维纸等，其耐高温、机械强度和电气性能都很好，其中芳纶绝缘纸的应用最为普遍、最为成功。目前市场上主要有两个系列的芳纶产品：一个是间位芳纶纤维，美国商品名为Nomex，我国称为芳纶1313；另一个则是对位芳纶纤维，美国商品名为Kevlar，日本称为Technora，荷兰称为Twaron，俄罗斯称为Tevlon，我国称为芳纶1414。芳纶1313绝缘纸具有良好的热稳定性、电气性能、机械强度、化学兼容性和适应性等特性。芳纶1313绝缘纸特别适用于某些对电气设备要求特别苛刻的场所，如易燃、湿热、昼夜温差大、对噪声水平严格控制的地方及大气污秽或烟雾严重的地区。但是芳纶1313绝缘纸的浸油性差，因此多用于干式绝缘，油浸式绝缘中使用较少。

4.1.3 绝缘油的检测方法

目前，针对油品检测这一领域，大型企业仍多采用传统化验分析方法，但随着计算机技术的发展和仪器行业现代化的推进，出现了光谱波谱类过程分析的新技术，具有无接触、快速检测的优点。目前常用的绝缘油检测方法主要包括油色谱检测，酸值、含水量、颗粒数、击穿电压和介损等物理特性参数测量方法。

油色谱检测技术可以很好地反映变压器内部故障，但在包括取油、油气分离、色谱检测在内的整个检测流程中存在操作手续烦琐、实现步骤过多，耗时较长等缺点，因此这种方法在对检测实时性需求日益急迫的当今社会，可发挥作用的场景越来越少。

绝缘油中含水量很低，但却会对油品的绝缘性能产生很大影响。水的存在不仅会降低绝缘系统的击穿电压，还会造成绝缘材料的降解，加速其老化，严重时会造成绝缘击穿、设备损毁等重大电气事故。目前微水检测方法主要分为离线检测和在线监测。

1. 离线检测方法

1）蒸馏法

蒸馏法作为一种传统方法，广泛应用于各个行业，水蒸气蒸馏法、分子蒸馏法、膜蒸馏法是现在常用的主要蒸馏方法。常用蒸馏方式有水中蒸馏、水上蒸馏（隔水蒸馏）、直接蒸气蒸馏及水扩散蒸气蒸馏。蒸馏法用于检测变压器油微水含量的原理：取一定的试样与特定溶剂混合，放入蒸馏装置中进行蒸馏回流，加热 3 h 左右，直到蒸馏出的水分不再增加为止，停止加热，在冷凝器中冷却至室温，测定蒸馏出的水分含量。原理非常简单，但用时太长，受环境影响很大，且分析效率及准确度均很低，误差较大。

2）色谱法

色谱法是由俄国植物学家茨维特（Tswett）在 1906 年提出的，其实质是利用不同物质在不同的两相（固定相、流动相）中具有不同的分配系数即溶解度，当两相做相对运动时，这些物质在两相中的分配反复进行多次，使得分配系数只有微小差异的组分产生很大的分离效果，从而使不同组分得到完全分离。两组分差异在千分之五时便可以达到分离。此方法用于油中微水检测时，流动相为汽化样品后的混合气体，流动相随载气进入固定相中进行分离，得到分离层后进行微水含量的测定。色谱法的优点是灵敏度高、准确可靠、干扰性小，在十几分钟内就能完成对试样的分析。此方法的缺点是操作较复杂，一般的技术人员难以把握且设备要求较高。

3）卡尔·费歇尔滴定法

卡尔·费歇尔滴定法的实质是利用化学反应进行微水检测，可普遍用于测量固体、液体及气体中的水分含量，卡尔·费歇尔滴定法有两种检测方法：一种是由卡尔·费歇尔于 1935 年提出的卡尔·费歇尔容量滴定法，另一种是伯埃得提出的卡尔·费歇尔库仑法。现在被许多国家广泛采用的是卡尔·费歇尔库仑法。卡尔·费歇尔库仑法根据所测样品的种类不同，选择的滴定池也不同。一般常用的滴定池主要有碘滴定池、银滴定池及酸滴定池等，卡尔·费歇尔库仑法检测微水含量的原理与滴定法基本相同，常见仪器如图 4.6 所示。两种方法都利用了化学反应，如中和反应、氧化-还原反应、沉淀反应及络合反应等。总体来说，卡尔·费歇尔库仑法的优点是分析速度快、灵敏度高、准确度高，缺点是副反应较多，在检测时要考虑很多因素。

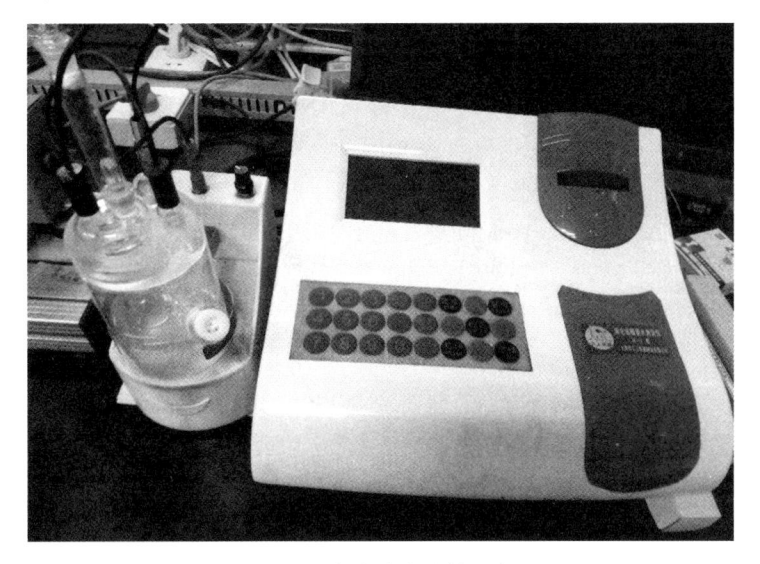

图 4.6　库仑法水分检测仪

4）重量法

重量法微水测量的基本原理是利用油的密度与水的密度不同，取一定体积的油样，在真空条件下，首先计算理想纯油样的重量，再测量混合微水油样的重量，得到两者的重量差，再计算得到水的体积，即得到了油中微水的含量。重量法的优点是原理较简单，但由于油中常常混有气体杂质，重量法精度不高。

5）介电常数法

介电常数法的基本原理：利用变压器油中油和水的介电常数不同，油中含水的多少决定了变压器油的介电常数。传感器是电容式的温度传感器、湿度传感器，将传感器浸在油中，介电常数的变化导致电容的变化，通过测得电容的变化量经计算从而得到微水的含量。此方法的优点是达到了油中微水的实时检测，准确度高，但对电容的敏感性有很强的要求，如果材料的敏感性达不到要求就无法保证检测结果的准确性。

6）射频方法

射频方法检测油中微水含量的基本原理：射频信号源发射射频信号，由于油是非极性物质，水是极性物质，两者的介电常数相差很大，呈现出不同的射频阻抗特性。当射频信号传送到以油为介质的电容式射频传感器负载时，该负载阻抗随着混合液中不同的油水比而变化。

7）红外光谱法

红外光谱法是将红外检测与色谱法结合的一种新型检测方法，将油样首先注入高效色谱柱进行油水分离，然后将分离出来的水气化，随载气进入红外检测池，水分子在波长为 1.94 μm 的红外光谱处有最大吸收峰，且干扰最少，使透射光的强度减弱，由比尔-朗伯定律得知，吸光度和水分含量成正比，因此，测得吸光度就能得到油中的微水含量。此方法成本低廉、方便快速、无污染、准确度较高，缺点是当分析仪器使用了一段时间后，工作曲线可能会产生偏离。

2. 在线监测方法

随着对设备管理水平要求的逐步提高，水分离线检测方法越发不能满足运维单位对变压器的维护需求，研究人员尝试提出了多种在线监测方法。

1）电容传感检测

电容传感检测方法成本较低，是目前最为普遍的在线水分监测手段，其通过检测油液中水分对渗透膜介质介电常数的改变，实现对水分的定量检测。但是，由于该方法仅能检测介电常数一个单一特征量，而随着水分形貌的改变，游离水与结合水对介电常数的影响是有较大差异的，因此该方法的准确程度极易受到水分形态的干扰，也无法对水分形态进行识别。与此同时，油中的杂质也会干扰介电常数，氧化、含水率、固态副产物等均会对水分测量结果造成较为严重的影响。因此该方法的现场检测精度不佳。

2）微波传感检测

当油中含水量增大时，其电导率也将增大，微波场作用下的感应电流越大，通过分析其感应电流即可确定油中含水量。该方法是石油勘探行业一种较为切实可行的在线监测技术。但是该方法主要基于高频电磁波谐振状态测量油中含水量并实现在线监测，不太适宜于运行变压器这种强电场环境下的微量水分测量。

现有的，适用于运行变压器的微量水分检测方法仍较匮乏，且普遍存在精度低、易受杂质干扰等缺点，同时也无法有效分辨水分形态，不能满足运维单位对变压器水分在线监测的需求。

4.1.4 绝缘油的性能检测

绝缘油在电力变压器运行过程中受电、热、水和机械等影响会逐渐老化，产生甲酸、乙酸和硬脂酸等酸性物质。酸性物质的存在会直接导致变压器运行寿命的缩短。目前，针对绝缘油中酸值的测定方法主要为电位滴定法和指示剂法，酸值仪如图 4.7 所示。但此种方法在实际操作中存在不可忽视的弊病，绝缘油中抗氧化剂、抗凝剂的存在导致很多滴定曲线没有电位突跃现象，为了克服这个问题，目前多采用预先确定终点 pH 或电位的定点滴定法[15]。

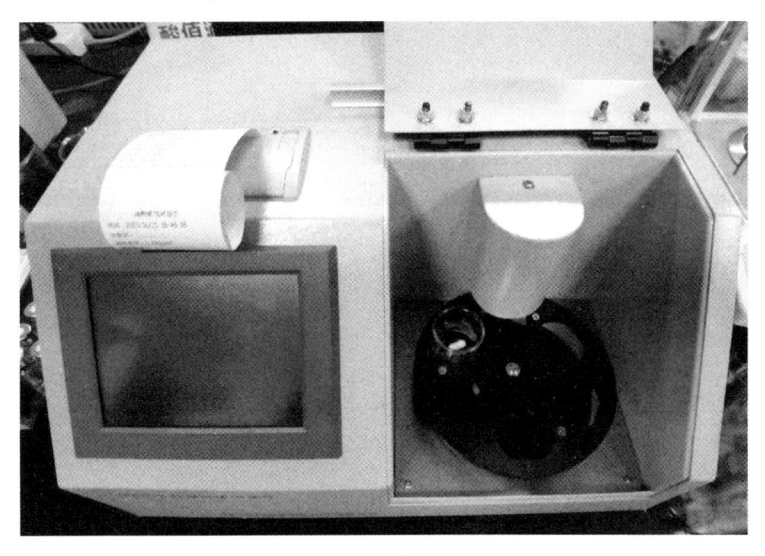

图 4.7 酸值仪

绝缘油在使用过程中，由于外界环境的影响，灰尘、砂石的侵入会使油品中的颗粒数发生变化，从而影响油品的表面张力、闪点、黏度[16-20]。目前，针对绝缘油中颗粒数的测定方法与技术主要有原子谱法、颗粒计数技术、红外光谱技术等。颗粒计数技术是利用自动颗粒计数仪进行油品颗粒数测量，采用激光对油液进行微粒计数，达到测定油品中分散微粒数量和大小的目的。红外光谱技术可以用来检测油品中添加剂、积碳等物质的变化，具有精度高、速度快的优点，但是该技术仍主要存在于实验室层面，尚不具备落地产业化的条件。

绝缘油的击穿电压是评定绝缘油电气性能的一项重要指标，在标准条件下绝缘油发生击穿的电压为绝缘油的击穿电压，绝缘油的击穿电压是衡量绝缘油在电气设备内部能耐受电压的能力而不被破坏的尺度，是检验变压器油性能好坏的主要手段之一，运行变压器油的击穿电压低是变压器工作危险的信号。目前一般取样至实验室，采用升压试验破坏性地测试其击穿电压，击穿仪如图 4.8 所示。

图 4.8　击穿仪

绝缘油的介质损耗因数用介质损耗角正切值表示，介质损耗因数是评定绝缘油电气性能的一项重要指标，特别是油品劣化或被污染对介质损耗因数影响更为明显。在新油中极性物质少，随着变压器运行老化产生多种极性物质溶解于绝缘油中，老化油的介质损耗因数变大，需要采取处理措施。目前一般采用取样至实验室升温至 90 ℃加压测试，介损仪如图 4.9 所示。

图 4.9　介损仪

综上所述，常规的绝缘油物理参数的测定都是非在线监测，实时性较差，不具备及时发现绝缘油参数异常从而达到预警的作用。虽然上述技术已经在整个行业广泛应用，但是其技术局限性导致运检效能低、不适应数字化监测需求、经济效益差、不利于低碳环保、影响试样代表性和准确性。

（1）运检效能低。在设备规模及检修业务量急剧增长但是运维人员严重缺员、设备"欠运检"与"过运检"对立冲突日趋严重等行业背景下，绝缘油各项指标，需要人工从变电站现场取样后送回实验室，用多种测试仪器才能完成检测。

（2）不适应数字化监测需求。目前电力绝缘油普遍实行油色谱在线监测，但是《电力设备预防性试验规程》（DL/T 596—2021）和《电力设备检修试验规程》（Q/CSG 1206007—2017）须至少1年/次或3年/次对功能特性（击穿电压、介损、水分等）和稳定特性（酸值等）指标开展检测评估并未能全部实现在线监测，因此按照周期取样、化验室离线检测等工作必须依旧开展，这已经严重影响油浸式电力装备向数字化监测、智能运维和状态检修模式转型。

（3）经济效益差且不利于低碳环保。检测上述指标需要大量样品，传统技术从原理上多为永久破坏性试验，试样被电气破坏（放电击穿）、被卡尔·费歇尔等化学试剂（对人体有毒害）影响回收再利用，既不经济也不环保。

（4）影响试样代表性和准确性。在取样、存储和运输过程中，绝缘油的性能会随着温度、湿度、气压等因素发生变化，试样不能代表真实运行状态，会影响测试准确性。

4.1.5 绝缘纸的检测方法

绝缘纸老化指其内部纤维素分子在电场、水分、温度、氧气等外部条件的作用下，葡萄糖分子中化学键断裂，机械强度降低，聚合度下降，同时生成糠类、脂类、酮类、呋喃化合物和 CO_2、CO、H_2 等气体小分子物质的过程。变压器固体绝缘老化检测分为直接检测和间接检测两种。

直接检测技术作为一种有损的检测手段，需要撕下包裹在变压器外的绝缘纸，通过对绝缘纸的机械强度或聚合度进行分析，从而得出绝缘纸的老化状况。聚合度检测仪器如图4.10所示。聚合度是目前公认的表征绝缘纸老化程度最为可靠的特征参量，没有老化的绝缘纸聚合度一般在1 000左右，当聚合度下降至150~200时，绝缘纸处于极度老化状态，承受较小的作用力就会破碎，已不能用于固体老化绝缘。这种基于直接检测技术的分析方法虽然能对变压器每个部位的老化程度进行诊断，但测量手段都相对烦琐，且需要损伤绝缘纸。

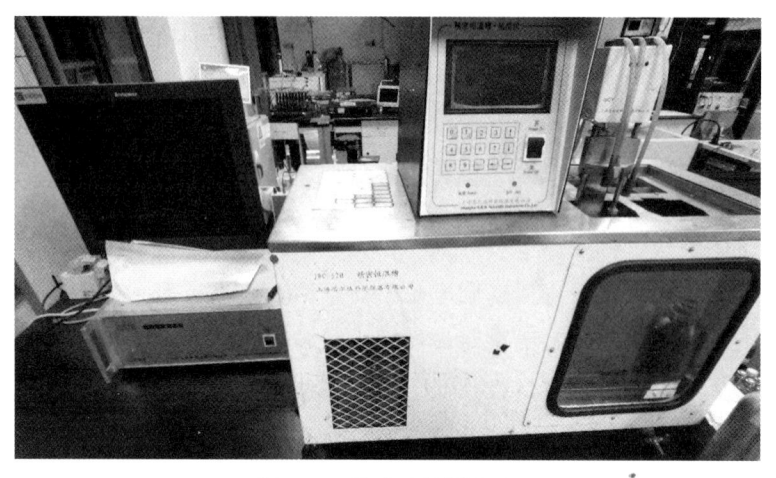

图 4.10 聚合度检测仪器

变压器的间接检测就是通过对老化分解产物浓度进行检测研究，间接得出绝缘纸的老化状况，从而实现对变压器整个老化状况的诊断。目前，变压器油中糠醛浓度的检测已经被列入 IEC 标准中,并被广泛地运用于各个变压器的绝缘诊断。还有学者针对老化产物水含量进行绝缘纸水分检测，判断绝缘纸聚合度，进而判断变压器老化状态。绝缘纸水分测量方法有电气测量法、红外线法、微波法、介电响应法、卡尔·费歇尔滴定法。最广泛使用的是卡尔·费歇尔滴定法，通过卡尔·费歇尔库仑滴定仪可以准确地测量绝缘纸中水分含量，由于受变压器内部绝缘纸取样难度较大的限制，工程上通常采用油纸水分分布平衡曲线，通过测量某一平衡温度下绝缘油中的水分含量计算得到绝缘纸中的水分含量。目前，主要有 Griffin、Fabre-Pichon 及 Oommen 共三种水分分布平衡曲线，三种平衡曲线中 Oommen 曲线应用最广。然而，此方法仍有不足：首先，为了准确测量绝缘纸的受潮程度，油纸之间的水分必须处于平衡状态，而油纸水分平衡时间常数很大，实际变压器油纸绝缘中的水分很难达到平衡状态；其次，由于受绝缘材料差异（油和纸老化、纸品类型、油的种类等）及温度修正的影响，评估结果误差较大。介电响应法包括回复电压法（recovery voltage measurement，RVM）、极化去极化电流（polarization-depolarization current，PDC）法和频域介电谱（frequency domain dielectric spectroscopy，FDS）法。RVM 只能评估绝缘的整体状况，无法将绝缘油和绝缘纸的状况区别开来，且它对实验结果的解释非常复杂，对系统误差也比较敏感；PDC 虽然可以分别评估绝缘油和绝缘纸的状况，但易受现场噪声干扰，且初始极化去极化电流不易测量；通过 FDS 所提取的水分评估特征参量是否有效，仍需严谨验证，对如何量化绝缘纸板中的水分含量是当前存在的难点之一，并且当样品的水分含量较低时，该方法评估结果的准确度大大降低。绝缘电阻（R60s）、极化指数（P.I）、吸收比（K）等传统电气参量只能定性评估固体绝缘的受潮程度，红外线法与微波法在测试原理上可向在线监测方向发展，但是目前其测量精度有限，不能满足工程需要。

但不管采取哪种间接检测手段，都是一种基于平均效应而产生的检测方法，它只能对变压器固体绝缘系统的平均老化水平进行反映。在实际运行过程中，由于受热不均匀，变压器不同部位的老化程度出现巨大差异，局部区域的严重老化足以使变压器受到损害并出现故障，老化程度最大的位置才是决定整个绝缘系统寿命的关键，而基于平均效应的间接检测技术并不能对变压器每个部位的老化状况进行反映，往往当变压器已经出现故障的时候，由间接检测得出的结果显示整个系统的绝缘状态仍维持着较好的水平，即采用间接检测技术得出的结果不能很好地对变压器绝缘系统的真实老化状况进行诊断。

因此需要一种准确率高、精度高、抗干扰能力强，能够有效满足在线监测需求的内绝缘无损检测技术。

4.2 太赫兹在常见内绝缘材料中的传播特性

4.2.1 在绝缘油中的传播特性

针对油品品质检测，对于菲涅耳公式解析法，虽然经过改进，基本解决了法布里-珀罗振荡的问题，但这种方法适用于对太赫兹波吸收弱的材料；对于准直空间法，待测样品的特征吸收峰会影响结果，进而影响参数提取的精准度；对于全变差最小化方法，因为存在计算速度慢、收敛结果容易受局部最小值影响等缺点，也不适合用来做油品物理参数提取的方法。现有的物理参数提取方法均不适用于油品的分析，因此本节提出基于梯度下降算法的物理参数提取方法。

基于梯度下降算法的物理参数提取方法，首先采用由 Duvillaret 等[21,22]、Dorney 等[23]、Pupeza 等[24]建立的模型，该模型的约束条件符合油品的分析要求，即被测样品内部结构均匀且前后表面光滑平行，太赫兹时域光谱系统的响应函数中时间为一常量。

诸如吸收系数、介电常数等主要的物理参数，均可以由复折射率推导出来，因此，材料的复折射率计算公式可以表示为

$$\tilde{n}(\omega) = n(\omega) - jk(\omega) \tag{4.1}$$

式中：$n(\omega)$ 为复折射率实部，又称为折射率，表示样品的色散特性；$k(\omega)$ 为消光系数。根据朗伯定理，二者存在以下关系：

$$\alpha(\omega) = \frac{2\omega k(\omega)}{c} \tag{4.2}$$

因此，可以通过获得样品的吸收系数谱线和折射率谱线来研究样品性质。

太赫兹波入射电场的方向有两种，如图4.11所示。

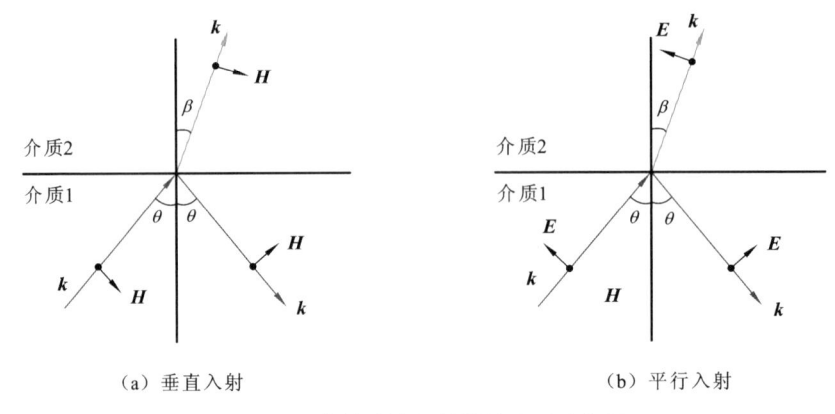

（a）垂直入射　　　　　　　　　（b）平行入射

图4.11　太赫兹波入射样品表面示意图

当待测样品与太赫兹脉冲相遇，仅从二者接触层面来看，脉冲强度的改变和反射系数、透射系数均有关，存在如式（4.3）～式（4.6）所示的关系：

$$r_{12p} = \frac{n_1 \cos\theta - n_2 \cos\beta}{n_1 \cos\theta + n_2 \cos\beta} \tag{4.3}$$

$$r_{12s} = \frac{n_2 \cos\theta - n_1 \cos\beta}{n_2 \cos\theta + n_1 \cos\beta} \tag{4.4}$$

$$t_{12p} = \frac{2n_2 \cos\theta}{n_1 \cos\theta + n_2 \cos\beta} \tag{4.5}$$

$$t_{12s} = \frac{2n_2 \cos\theta}{n_2 \cos\theta + n_1 \cos\beta} \tag{4.6}$$

式中：1、2为不同介质；n_1、n_2为在介质1和介质2的复折射率；s为垂直入射界面1的偏振方向；p为平行入射界面1的偏振方向；θ为入射角；β为折射角。

若在样品架上还未放置待测样品，此时获得的太赫兹脉冲信号便是参考信号，其电场强度可以用式（4.7）来表示：

$$E_{\text{ref}}(\omega) = E_{\text{THz}}(\omega) e^{-\frac{i n(\omega) L}{c}} = E_{\text{THz}}(\omega) \cdot p(\omega, L) \tag{4.7}$$

式中：$E_{\text{THz}}(\omega)$为电场强度；L为传播长度；$p(\omega, L) = e^{-\frac{i n(\omega) L}{c}}$，定义为传输因子。

根据折射率公式

$$\tilde{n}_1 \sin\theta = \tilde{n}_2 \sin\beta \tag{4.8}$$

可以得到太赫兹脉冲的电场强度如式（4.9）和式（4.10）所示：

$$E_{t1}(\omega) = E_{\text{THz}}(\omega) \cdot t_{ab}(\omega) \cdot p_b(\omega, L) \cdot t_{bc}(\omega) \cdot p_c(\omega, L - L_d) \tag{4.9}$$

$$E_{t2}(\omega) = E_{\text{THz}}(\omega) \cdot t_{bc}(\omega, L_s) \cdot t_{ab}(\omega) \cdot r_{bc}^2(\omega) \cdot p_c(\omega, L - L_d) \cdot p_b^3(\omega, L_s) \tag{4.10}$$

式中：a 为位于样品介质前的介质；b 为样品介质；c 为位于样品介质后的介质；t_{ab}、t_{bc} 分别为从 a 到 b、从 b 到 c 的透射系数；p_b、p_c 分别为样品介质 b、c 内的传输因子。

上式依次为太赫兹脉冲第一次和第二次穿透样品后的电场强度，穿透顺序为介质 a、b、c，根据公式进行类推，可以得到第 $n+1$ 次穿过样品的电场强度，如下：

$$E_{tn}(\omega) = E_{\text{THz}}(\omega) \cdot t_{ab}(\omega) \cdot t_{bc}(\omega, L_s) \cdot r_{bc}^{2n}(\omega) \cdot p_c(\omega, L - L_d) \cdot p_b^{(2n+1)}(\omega, L_s) \tag{4.11}$$

综上可得，穿透待测样品的太赫兹脉冲电场强度的总和为

$$E_{\text{sam}}(\omega) = E_{\text{THz}}(\omega) \cdot t_{ab}(\omega) \cdot t_{bc}(\omega, L_s) \cdot p_c(\omega, L - L_d) \cdot p_b(\omega, L_s) \\ \cdot \left\{ \sum_{n=0}^{N} [r_{bc}^2(\omega) \cdot p_b^2(\omega, L_s)]^N \right\} \tag{4.12}$$

令

$$\text{FP}(\omega) = \sum_{n=0}^{N} [r_{bc}^2(\omega) \cdot p_b^2(\omega, L_s)]^N \tag{4.13}$$

则有

$$E_{\text{sam}}(\omega) = E_{\text{THz}}(\omega) \cdot t_{ab}(\omega) \cdot t_{bc}(\omega, L_s) \cdot p_c(\omega, L - L_d) \cdot p_b(\omega, L_s) \cdot \text{FP}(\omega) \tag{4.14}$$

$E_{\text{sam}}(\omega)$ 和 $E_{\text{ref}}(\omega)$ 之比可以理解为待测样品的透射系数，记为传递函数 $H(\omega)$，表示为

$$H(\omega) = \frac{E_{\text{sam}}(\omega)}{E_{\text{ref}}(\omega)} = \frac{4\tilde{n}_a \tilde{n}_b \cos\theta \cos\beta}{(\tilde{n}_c \cos\beta + \tilde{n}_b \cos\beta)^2} e^{-j(L_s \tilde{n}_b - L_d \tilde{n}_a)\omega/c} \text{FP}(\omega) \tag{4.15}$$

在实验中，通常 $\theta = \beta$ 且介质 a 和 c 为同种介质，即 $\tilde{n}_a = \tilde{n}_c$，所以 $L_d = L_s = L$，在通常计算中，一般忽略太赫兹波在样品中的多层反射，这样就有 $N = 1$，$\text{FP}(\omega) = 1$，当穿过充满氮气的光路时，$\tilde{n}_a = \tilde{n}_c = 1$，将上述赋值代入式（4.15），可得

$$H(\omega) = \frac{E_{\text{sam}}(\omega)}{E_{\text{ref}}(\omega)} = \frac{4\tilde{n}_b}{(1+\tilde{n}_b)^2} e^{-j\omega L(\tilde{n}_b - 1)/c} \tag{4.16}$$

再将式（4.1）代入式（4.16），可得

$$H(\omega) = \rho(\omega) e^{-j\phi(\omega)} \tag{4.17}$$

其中

$$\rho(\omega) = \frac{4[n_2^2(\omega) + K_2^2(\omega)]^{1/2}}{[n_2(\omega) + 1]^2 + K_2^2(\omega)} e^{-K_2(\omega) d\omega/c} \tag{4.18}$$

$$\varphi(\omega) = \frac{[n_2(\omega) - 1]\omega d}{c} + \arctan\left[\frac{K_2(\omega)}{n_2(\omega)[n_2(\omega) + 1] + K_2^2(\omega)}\right] \tag{4.19}$$

油品对太赫兹波吸收较小，因此有

$$\frac{K_2(\omega)}{n_2(\omega)} \ll 1 \tag{4.20}$$

可以对 $\rho(\omega)$ 和 $\phi(\omega)$ 进行化简，得到式（4.21）和式（4.22）：

$$\rho(\omega) = \frac{4n_2(\omega)}{[n_2(\omega)+1]^2} e^{-K_2(\omega)d\omega/c} \tag{4.21}$$

$$\phi(\omega) = \frac{[n_2(\omega)-1]\omega d}{c} \tag{4.22}$$

由此可以得到 $n(\omega)$、$K(\omega)$ 和 $\alpha(\omega)$ 依次为

$$n(\omega) = \frac{\phi(\omega)c}{\omega d} + 1 \tag{4.23}$$

$$K(\omega) = -\frac{c}{\omega d}\ln\left(\rho(\omega)\frac{[n_2(\omega)+1]^2}{4n_2(\omega)}\right) \tag{4.24}$$

$$\alpha(\omega) = \frac{2K_2(\omega)\omega}{c} = \frac{2}{d}\ln\left(\frac{4n_2(\omega)}{\rho(\omega)[n_2(\omega)+1]^2}\right) \tag{4.25}$$

对于 s 偏振光，其传递函数为

$$H(\omega) = r_{12}^s r_{23}^s e^{-j\omega(\tilde{n}_2 d - d)/c} = \frac{4\tilde{n}_2(\omega)}{[\tilde{n}_2(\omega)+1]^2} e^{-j\omega d(\tilde{n}_2(\omega)-1)/c} \tag{4.26}$$

与 p 偏振光的传递函数表达式一致，待测样品在 s 偏振光和 p 偏振光的透射中具有相同的吸收系数和折射率。

复介电常数常用作电磁学领域，是其中一个重要的物理参数，用来表示电磁场对电介质的作用能力和电介质对电磁场的反作用能力。一般来说，复介电常数是以频率作为自变量的函数。

利用太赫兹时域光谱技术对复介电常数开展研究，已经取得了较多引人瞩目的进展，研究表明，在液体样品的检测中，可以通过对复介电常数的检测分析获得样品所反映的物理信息，且有着吸收系数和折射率不可比拟的优势。

复介电常数 $\tilde{\varepsilon}(\omega)$ 可以表示为

$$\tilde{\varepsilon}(\omega) = \varepsilon'(\omega) + i\varepsilon''(\omega) \tag{4.27}$$

式中：$\varepsilon'(\omega)$ 为复介电常数的实部；$\varepsilon''(\omega)$ 为复介电常数的虚部。

介电常数与复折射率之间有对应关系，如下：

$$\tilde{\varepsilon}(\omega) = \tilde{n}^2(\omega) \tag{4.28}$$

因此，复介电常数的实部和虚部可以表示为

$$\varepsilon'(\omega) = n^2(\omega) - K^2(\omega) \tag{4.29}$$

$$\varepsilon''(\omega) = 2n(\omega)K(\omega) \tag{4.30}$$

由此可以发现，将太赫兹信号从时域转换到频域后，通过一系列推导，可以得出 $\alpha(\omega)$、$n(\omega)$ 和 $\tilde{\varepsilon}(\omega)$，这 3 个物理参数之间存在着对应函数关系，具有内在的一致性。

4.2.2 在绝缘纸中的传播特性

在进行纸的理论建模前,需要对样品做假设:①测量的样品材质要满足一致性,保证样品的材料参数在空间和方向上是保持不变的;②与待测样品上下表面接触的介质要保持各向同性,在样品表面保持平整且上下表面要平行;③太赫兹的入射方向要与样品表面保持垂直方向。

通常物质的复折射率 $\tilde{n}(\omega) = n(\omega) - \mathrm{j}k(\omega)$ 可用来描述物质的宏观特性。其中,$n(\omega)$ 和 $k(\omega)$ 分别表示物质的折射率和消光系数。折射率表征物质的色散情况,消光系数表征物质的吸收特性。

物质的吸收系数满足的关系如下:

$$\alpha(\omega) = \frac{2\omega k(\omega)}{c} \quad (4.31)$$

由于太赫兹具有电磁波的特性,当太赫兹与物质相互作用时,满足菲涅耳定律,用反射系数 R_{01} 和透射系数 T_{01} 分别表征不同介质的分界面发生的光反射和光折射现象。如图 4.12 所示,THz 波在材料 0 和材料 1 的界面上的反射和透射可表示为

$$R_{01} = \frac{\tilde{n}_1 - \tilde{n}_0}{\tilde{n}_1 + \tilde{n}_0} \quad (4.32)$$

$$T_{01} = \frac{2\tilde{n}_1}{\tilde{n}_1 + \tilde{n}_0} \quad (4.33)$$

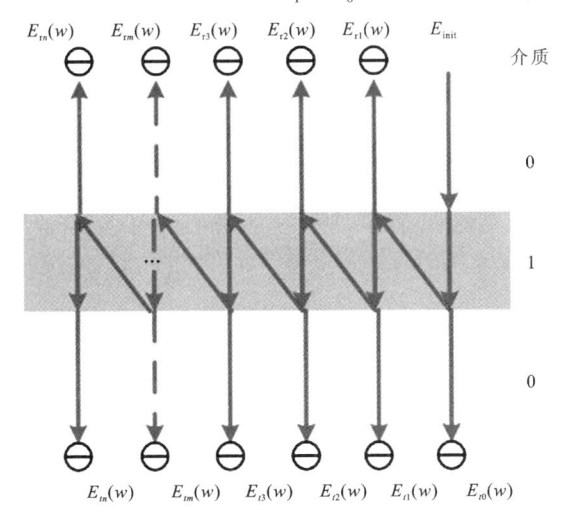

图 4.12 太赫兹波在介质中传播示意图

介质 1:待测样品;介质 0:空气

传播系数为 P，THz 信号穿过长度为 d 的材料 1 的传输因子可表示为

$$P_{01}(\omega,z) = \exp\left(\frac{-j\omega\tilde{n}_1 z}{c_0}\right) \tag{4.34}$$

式中：c_0 为光速。与初始的 THz 信号 E_{init} 相比，经过材料 1 传输距离 d 后的 THz 信号 $E(z)$ 的函数形式变为

$$E(z) = E_{init} P_1(d) \tag{4.35}$$

图 4.12 为太赫兹波在介质中传播的示意图，若太赫兹光束存在入射角度时，这时太赫兹波在物质中传输距离 d 后的函数表达发生改变。本节只考虑太赫兹垂直透射过样品的情况，此时太赫兹波直接穿过样品后的波可表示为

$$\begin{cases} E_{t0}(\omega) = E_{init}(\omega) T_{01} T_{10} P_0(\omega, x-d) P_1(\omega, d) \\ E_{t1}(\omega) = E_{init}(\omega) T_{01} T_{10} R_{10}^2 P_0(\omega, x-d) P_1^3(\omega, d) \\ E_{t2}(\omega) = E_{init}(\omega) T_{01} T_{10} R_{10}^4 P_0(\omega, x-d) P_1^5(\omega, d) \\ E_{t3}(\omega) = E_{init}(\omega) T_{01} T_{10} R_{10}^6 P_0(\omega, x-d) P_1^7(\omega, d) \\ \vdots \\ E_{tm}(\omega) = E_{init}(\omega) T_{01} T_{10} R_{10}^{2m} P_0(\omega, x-d) P_1^{(2m+1)}(\omega, d) \end{cases} \tag{4.36}$$

这种来回传输效应称为法布里-珀罗效应[25]。则样品的透射波总信号可表示为

$$E_{sample}^{total}(\omega) = E_{init}(\omega) T_{01} T_{10} P_0(\omega, x-d) P_1(\omega, d) \cdot FP(\omega) \tag{4.37}$$

其中法布里-珀罗折射传播函数 $FP(\omega)$ 表示为

$$FP(\omega) = \frac{1 - R_{10}^{2m+2} P_1^{2m+2}(\omega, d)}{1 - R_{10}^2 P_1^2(\omega, d)} \tag{4.38}$$

式中：m 为太赫兹信号在待测样品中来回穿梭的次数即回波个数。由传递函数的公式可知

$$G_{theory}(\omega) = \frac{E_{sample}^{theory}(\omega)}{E_{ref}^{theory}(\omega)} = P(-d) T_{01} P_1 T_{10} \cdot FP(\omega) \tag{4.39}$$

同时复透射传递函数 $G_{theory}(\omega)$ 也可以表示为

$$G_{theory}(\omega) = \rho(\omega) e^{j\phi(\omega)} \tag{4.40}$$

$$\begin{cases} \rho(\omega) = \dfrac{4n_1}{(n_1+1)^2} \exp^{-\frac{k(\omega)d\omega}{c}} \\ \phi(\omega) = \dfrac{[n_1(\omega)-1]\omega d}{c} + \mathrm{arctg}\left[\dfrac{k_1(\omega)}{n_1(\omega)[n_1(\omega)+1] + k_1^2(\omega)}\right] \end{cases} \tag{4.41}$$

因此，当测得太赫兹的时域参考信号 $E_{ref}(t)$ 时，参考信号 $E_{ref}(t)$ 实际上等价于太赫兹的初始信号 $E_{init}(t)$，经傅里叶变换可得频域的参考信号 $E_{ref}(\omega)$，由式（4.40）

可计算样品的透射传输函数 $G_{\text{theory}}(\omega)$，经快速傅里叶反变换（inverse fast Fourier transform，IFFT）可知，太赫兹的时域样品信号 $E_{\text{sample}}(t)$ 可表示为

$$E_{\text{sample}}(t) = \text{IFFT}\{P_0(-d)T_{01}P_1T_{10}\text{FP}(\omega)\cdot E_{\text{ref}}(\omega)\} \quad (4.42)$$

若选择合适的窗口，可包含一个太赫兹主脉冲信号，从而忽略法布里-珀罗多次反射的影响。此时，$\text{FP}(\omega)$ 可以近似忽略为 1，$k(\omega) = 1$。这样复透射传递函数 $G_{\text{theory}}(\omega)$[26]可以简化为

$$G_{\text{theory}}(\omega) = \frac{4n}{(n+1)^2}\exp\left(-\frac{\alpha(d)}{2} + j(n_1-1)\frac{\omega d}{c}\right) \quad (4.43)$$

其中

$$\begin{cases} \rho(\omega) = \dfrac{4n_1}{(n_1+1)^2}\exp^{-\frac{k(\omega)d\omega}{c}} \\ \phi(\omega) = \dfrac{[n_1(\omega)-1]\omega d}{c} \end{cases} \quad (4.44)$$

对 THz-TDS 系统而言，THz 波与纸相互作用可表征其特征。当纸页样品暴露在 THz 辐射下时，太赫兹波的传播方式正如前面所描述的透射传输模型，透过纸页样品的总信号是所有太赫兹透射信号的累加和。对纸页的太赫兹信号仿真的思路：基于太赫兹透射模型拟合不同纸页厚度的纸页波形，对拟合的纸页信号提取特征，并评价拟合的不同的太赫兹信号与纸页厚度之间的关系，衡量该特征是否能够准确反映纸页的厚度参数。纸页太赫兹信号仿真步骤如下。

（1）测量太赫兹的时域参考信号 $E_{\text{ref}}(t)$。该信号是在 THz-TDS 系统未放置任何样品时测得的太赫兹信号，它被认为是每个 THz-TDS 系统所提供的稳定信号。

（2）拟合纸页的太赫兹时域信号。利用 MATLAB 软件对太赫兹的参考信号 $E_{\text{ref}}(t)$ 进行处理，并假设纸页样品的固有属性折射率 n 和消光系数 k 均为恒定值，即不随频率的变化而改变，参考信号的光谱数据 $E_{\text{ref}}(t)$ 与传输函数 $G_{\text{theory}}(\omega)$ 相乘，并作快速傅里叶反变换，通过设定不同的纸页厚度 d，拟合出与厚度值对应的太赫兹时域信号 $E_{\text{sample}}^{\text{theory}}(t)$，其中纸页的厚度值设定为 0.1 mm、0.3 mm、0.5 mm、0.7 mm、0.9 mm、1.1 mm。

法布里-珀罗效应是太赫兹信号数据处理过程中的重点，为了更好地对提取的太赫兹特征纸页厚度定量可行性进行研究，针对纸页的法布里-珀罗效应进行探讨。对厚样品而言，法布里-珀罗效应对光谱分析没有影响，主要原因是透过厚样品的太赫兹信号能明显地区分每一个回波信号，如图 4.13 所示。测得的厚样品太赫兹信号可以通过加窗处理，仅需要对太赫兹主脉冲信号进行数据处理。

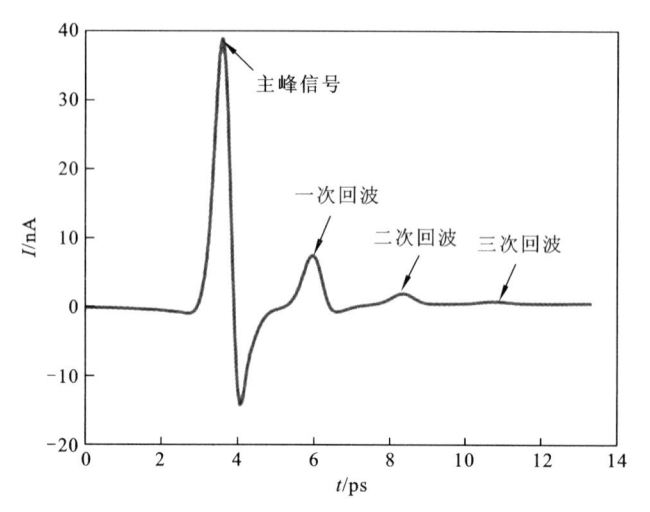

图 4.13 含法布里-珀罗效应的经典太赫兹信号

但对薄样品而言,实验测得的太赫兹信号包含多次法布里-珀罗效应,并且无法准确区分主脉冲信号与其他一次或二次回波信号,如图 4.14 所示,这样导致样品的主脉冲信号与回波信号混叠在一起,没法进行区分,影响太赫兹数据分析结果。

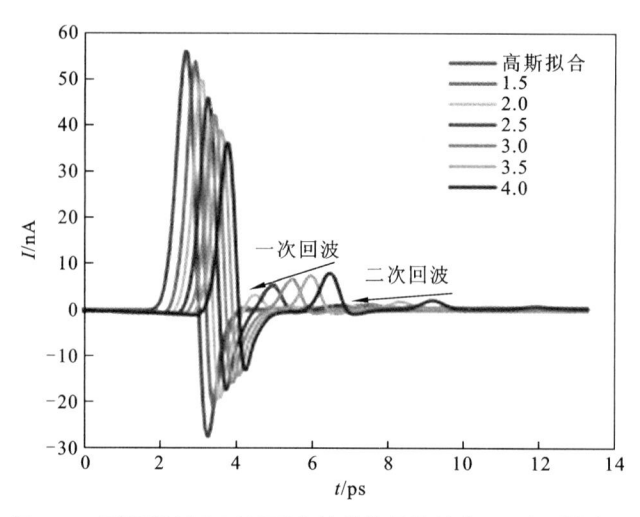

图 4.14 不同折射率下纸页太赫兹信号的法布里-珀罗效应图

对纸而言,纸页的厚度处于薄样品的范围内,在提取纸页的太赫兹信号前,必须考察法布里-珀罗效应对纸页的太赫兹信号的影响。为了能够避免系统噪声对太赫兹信号的影响,突出法布里-珀罗效应,利用高斯分布拟合的方法获得太赫兹的参考信号 $E_{ref}(t)$,仅考虑薄纸页样品,设定纸页的厚度 d 为 0.1 mm,消光系数 k

为 0.01，通过改变折射率 n 拟合纸页的太赫兹时域信号 $E_{\text{sample}}^{\text{theory}}(t)$，其中折射率 n 的值分别设定为 1.5、2.0、2.5、3.0、3.5、4.0。图 4.14 显示了不同折射率下，薄纸页样品的太赫兹信号仿真结果，第一条蓝色的线为高斯拟合的太赫兹的参考信号 $E_{\text{ref}}(t)$，同时也可以认为是折射率 n=1.0 时的结果。从图中可以明显看到折射率不同导致拟合的太赫兹信号之间的变化情况，当折射率 n=4.0 时，可以明显观察到纸页的一次回波信号和二次回波信号，且回波信号峰值在拟合的太赫兹信号中最大；当折射率 n 值从数值 4.0 开始以 0.5 递减时，一次回波信号和二次回波信号会逐渐减小。对二次回波而言，当折射率 n=2.5 时，二次回波的峰值已经趋于 0，可忽略不计；对一次回波而言，当折射率 n=1.5 时，一次回波的信号不能明显区分，但根据一次回波的变化趋势，可估计折射率 n=1.5 时的一次回波峰值很小，即一次回波包含样品的信息量很少，同时一次回波的峰值相较于该折射率下拟合的主峰信号而言，一次回波信号可以忽略不计。

4.3 基于极化理论的油纸绝缘微水检测

4.3.1 油纸绝缘微水无损检测的必要性

近年来，我国工业现代化增长势头强劲，对用电量增长起到十分明显的拉动作用。油浸式电力变压器造价不菲、维护成本高昂，是电力系统中最重要的设备之一。统计资料表明，由变压器内部油纸绝缘劣化导致的故障占变压器故障总数的一半以上。因此，对变压器内部油纸绝缘状态进行有效评估，可从引发电网事故的源头上建立坚强的第一道防线，对电网的安全、稳定运行至关重要。水分是影响油纸绝缘性能的最重要因素之一，油中微水含量是表征变压器状态的重要指标，是反映变压器健康状态和故障早期预警的重要信息源。对变压器油中微水含量进行准确检测，可提早发现变压器早期故障，对提高变压器运行可靠性、预防绝缘事故、保障电网运行安全有重要的工程价值。

目前，检测变压器固体绝缘中水分含量的方法有传统电气测量法、介电响应法及卡尔·费歇尔滴定法。传统测量方法通过检测绝缘电阻、极化指数等电气参量，只能定性评估固体绝缘的受潮程度，检测精度较差。介电响应法只能评估整体受潮情况，无法准确识别受潮严重区域。目前工程上主要采用卡尔·费歇尔滴定法和油纸水分分布平衡曲线相结合的方法评估固体绝缘的受潮程度，由油中微水含量计算得到绝缘纸中的微水含量。然而，卡尔·费歇尔滴定法需取样测试，无在线拓展的可能，同时测试速度慢，且需破坏样品，现场或制造厂家使用不便，难以对纸板和绝缘油进行大批量的快速无损测试，易造成漏检。

因此，有必要研究一种新的、高精度的油纸微水分布无损检测方法，以满足变压器内部微水含量检测的需求。

4.3.2 基于太赫兹介电谱方法的微水检测原理与优势

太赫兹是一种一定频段内的电磁波，水对其有较强的吸收作用。现有研究表明，水分对太赫兹频段的电磁波辐射吸收强烈，同时水分氢键网络的拓扑结构的细微变动及动力学上的微小变动都可以直接反映在太赫兹波的介电频谱的变化中。具体的检测原理如下。THz-TDS 系统进行的实验可获得样品在太赫兹频段下的幅值和相位等光谱信息；采用法国物理学家 Duvillaret 提出的一种经典的解析方法，由样品的太赫兹光谱数据来提取样品的光学参数。应用该方法需要满足以下条件：测量样品厚度及内部结构均匀；与样品接触的介质均为磁同向性；样品及其接触介质的电磁响应为线性。常规的绝缘油及油浸纸板样品能够满足以上条件。

样品的光学性质一般用复折射率 $\tilde{n}(\omega)$ 表示，且

$$\tilde{n}(\omega) = n(\omega) - jk(\omega) \tag{4.45}$$

式中：$n(\omega)$ 为实折射率，可以描述物质的色散特性；$k(\omega)$ 为消光系数，表征物质的吸收特性。首先应求得这两个参量。设入射的 THz 信号为 $E_{THz}(\omega)$，到达探测器的未通过样品时的 THz 信号为 $E_{ref}(\omega)$，也即参考信号，$E_{sam}(\omega)$ 是太赫兹波通过样品的样品信号。太赫兹波未穿过样品，即透过空气到达探测器时，其幅值可视为不变。当太赫兹波传播距离为 L 时：

$$E_{ref}(\omega) = E_{THz} e^{\frac{-j\omega \tilde{n}(\omega)L}{c}} \tag{4.46}$$

当太赫兹波穿过样品到达探测器时，太赫兹波实际穿过了空气-样品-空气三层介质。由菲涅耳公式，电磁波从介质 1 入射至介质 2，其透射系数 t_{12} 为

$$t_{12} = \frac{2\tilde{n}_1 \cos\phi_1}{\tilde{n}_2 \cos\phi_1 + \tilde{n}_1 \cos\phi_2} \tag{4.47}$$

式中：ϕ_1 和 ϕ_2 分别为入射角和出射角。

此处作以下近似：太赫兹波垂直入射样品；样品厚度较大，选取合适的取样窗口的情况下可以忽略所有回波；空气的复折射率近似为 1；油纸绝缘的非水成分不吸收太赫兹波，而水分含量一般较低，因此样品对太赫兹波的吸收很弱，远低于透射过的太赫兹波。

设样品前空气、样品、样品后空气分别为介质 1、介质 2、介质 3，则由以上

近似条件，可得：$\cos\phi_1$ 和 $\cos\phi_2$ 为 1，$\tilde{n}_1$ 和 $\tilde{n}_3$ 近似为 1，$\dfrac{k_2(\omega)}{n_2(\omega)} \ll 1$。由式（4.45）和式（4.46）及以上近似条件，可以求得样品信号：

$$E_{\text{sam}}(\omega) = E_{\text{THz}} t_{12} t_{23} \text{e}^{\dfrac{-\text{j}\omega \tilde{n}_1(\omega)(L-d)}{c}} \text{e}^{\dfrac{-\text{j}\omega \tilde{n}(\omega)d}{c}} \tag{4.48}$$

则材料的复透射函数为

$$H(\omega) = \dfrac{E_{\text{sam}}(\omega)}{E_{\text{ref}}(\omega)} = \dfrac{4\tilde{n}(\omega)}{[1+\tilde{n}(\omega)]^2} \text{e}^{\left(-\text{j}\omega\left[\dfrac{\tilde{n}(\omega)-1}{c}\right]d\right)} = \rho(\omega) \cdot \text{e}^{-\text{j}\varphi(\omega)} \tag{4.49}$$

式中：ω 为角频率；c 为太赫兹波的传播速度，即光速；d 为待测样品的厚度；$\rho(\omega)$ 和 $\varphi(\omega)$ 分别为样本信号与参考信号的幅值比和相位差。

由式（4.45）和式（4.47）可以得到

$$n(\omega) = \dfrac{\varphi(\omega)c}{\omega d} + 1 \tag{4.50}$$

$$k(\omega) = \ln\left(\dfrac{4\tilde{n}(\omega)}{\rho(\omega)[1+\tilde{n}(\omega)]^2}\right)\dfrac{c}{\omega d} \tag{4.51}$$

通过以上计算，利用太赫兹光谱信息得到了样品的折射率和消光系数。根据朗伯定律，吸收系数与消光系数的关系可通过下式来表述：

$$\alpha(\omega) = \dfrac{2k\omega(\omega)}{c} \tag{4.52}$$

通过测量含水材料的有效介电常数，得到其水分分布及扩散的性质。如果分别测得材料和纯水的有效介电常数，就可以用有效介质模型分析各自的体积分数，得到含水材料的有效介电常数。广泛使用的有效介质模型为麦克斯韦-加奈特（Maxwell-Garnet，MG）模型：

$$\tilde{\varepsilon} = [\tilde{n}(\omega)]^2 \tag{4.53}$$

结合式（4.45）～式（4.53），可得复介电常数的实部

$$\varepsilon' = [n(\omega)]^2 - [k(\omega)]^2 \tag{4.54}$$

复介电常数的虚部

$$\varepsilon'' = 2n(\omega)k(\omega) \tag{4.55}$$

复介电常数的实部代表宏观的极化程度，虚部代表介质损耗。另外，还可以将介电损耗用介电损耗角正切值 $\tan\delta$ 表示：

$$\tan\delta = \dfrac{\varepsilon''}{\varepsilon'} \tag{4.56}$$

结合式（4.49）～式（4.56），通过 5.3.4 小节介绍的测试数据处理方式，即可获取油纸绝缘样品在太赫兹频段复介电常数实部和虚部及介电损耗角正切值的曲线。

微水含量对太赫兹介电谱的影响，在理论上可以通过氢键结构的变化来解释。

大量研究表明,水分子在太赫兹频段的介电特性与其氢键网络结构密切相关,其中谐振极化过程反映氢键结构的整体强度和无序性。水分浸入油纸中后,少量的水分子将首先与纤维素形成纤维素-水氢键($H_纤$—$H_水$),该氢键结构刚性较强(相互作用能达到-10^3 kJ/mol),因而谐振极化的幅值较低;当油纸绝缘持续受潮后,数量更多的水分子之间也会形成水-水氢键($H_水$—$H_水$),对应局部液态微水的出现,其结构较纤维素-水氢键更为松散(相互作用能仅有-10^2 kJ/mol),且分布更加无序,因而谐振幅值较高。

分子模拟是从分子层面研究各种物质性质的有力工具,分子模拟可直观反映分子间的相互作用如范德瓦耳斯力,以及化学键、氢键等的动态行为。为探究油浸纸板内部水分子的两种氢键的数量分布与含水量的关系,利用 Materials Studio 软件,分别对含水量为 1%、3%、5%的油浸纸板进行分子模拟,构建水-纤维素分子的复合介质模型,如图 4.15 所示。

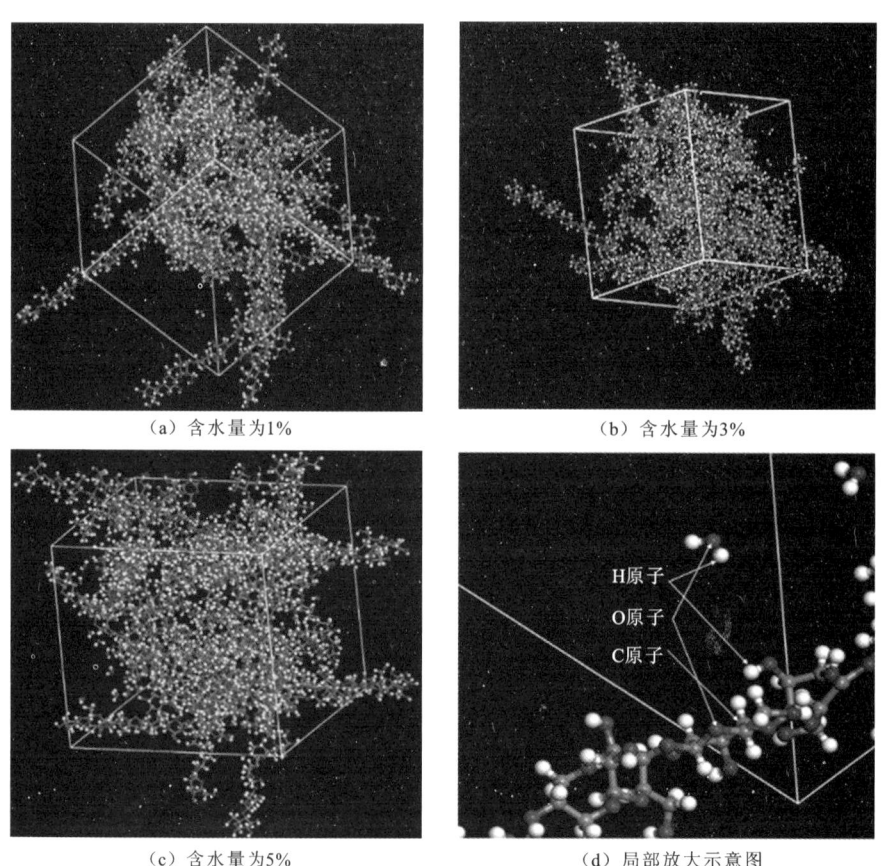

(a)含水量为1%

(b)含水量为3%

(c)含水量为5%

(d)局部放大示意图

图 4.15　油纸中的水-纤维素分子模型及局部示意图

图4.15所示模型由无水纤维素模型再根据含水量加入相应数量的水分子构建而成。考虑到在绝缘纸的纤维素无定形区域中，纤维素分子容易与水形成氢键，导致其对水分子的吸附能力强，因此变压器油浸绝缘纸板系统中，含低水分时，水分绝大部分存在于绝缘纸上，而水分子无法与绝缘油形成氢键；同时油的特征频段不在本节实验范围内，因此本节主要考虑水分子与纤维素分子之间的相互作用，建模时不再引入绝缘油分子。

由于氢键网络的分子间集体振动处于皮秒量级，氢键网络的拓扑结构变化或动力学变化都能够直接被太赫兹光谱检测到，因此太赫兹时域光谱技术比其他技术对水溶液的动力学更加灵敏，可以作为分子模拟的实验论证方法，提供实验数据支撑。由上述3个油纸中的水-纤维素分子模型，可计算出两种氢键数量，结果如表4.1所示。

表4.1 不同含水量的水-纤维素分子模型的两种氢键数量

含水量/%	H$_水$—H$_水$的数量	H$_纤$—H$_水$的数量	比例
1	4	70	0.057 14
3	12	201	0.059 70
5	44	301	0.146 20

计算结果表明，含微水状态下的油浸纸板会同时存在两种形态的氢键，而谐振极化是由这两种氢键受激共振产生的，太赫兹介电谱信号能够间接反映两种氢键的数量与键能。当含水量较低时，油纸中主要存在纤维素-水氢键，水分子主要为结合态水分子，太赫兹频段的极化强度较低；而随着含水量的增加，水-水氢键增多，游离态水分子比例逐渐增加，此时太赫兹频段的极化强度较高。

综上所述，结合原理分析与分子模拟可知，有望基于太赫兹技术，实现对油纸绝缘内部水分分布乃至形态的准确测量。但目前，针对含微水油纸系统中的太赫兹频段共振弛豫现象研究极少，同时也缺乏系统的检测方法研究，因此有必要从极化机制出发，对含微水油纸系统在太赫兹频段的极化行为进行深入分析，并对含微水油纸系统的太赫兹光谱特点进行系统研究。

本章基于太赫兹时域光谱技术，介绍油-纸-水共混体系下，微量水分对太赫兹光谱的吸收机理，同时在考虑老化的前提下，提出一种对绝缘油及油浸绝缘纸板水分含量的快速无损测量方法，该方法可实现对绝缘油纸内部微量水分的定量、分布检测，检测精度可达±2 ppm（1 ppm = 1×10^{-6}）。太赫兹光谱技术有潜力解决油中水分的高精度在线监测难题，有望通过太赫兹时域光谱技术实现变压器油微水含量的自动化、快速、高精度测量。

4.3.3　样品制备方法与检测方法

实验所用材料及设备的详细信息如表 4.2 所示。

表 4.2　实验材料及设备

材料/设备名称	规格/型号/厂家	参数
绝缘油	产地：克拉玛依	25#环烷基油
绝缘纸	产地：泰州	1 mm 厚魏德曼纸，聚合度 1 300
烧杯	2 L	/
玻璃瓶	200 mL	H62
保鲜膜	妙洁耐高温保鲜膜	180 ℃
真空干燥箱	重庆五环实验仪器有限公司	90 ℃，84.8 kPa
卡尔·费歇尔滴定仪	Metrohm 公司	885Compact Oven SC、851 Titrando、801 Stirrer

本章研究所用到的绝缘纸板在常温中自然吸潮，通过图 4.16 所示仪器测得初始含水量为 6.5%，为得到不同含水量的样品，对绝缘油纸进行如下处理。

图 4.16　真空干燥箱及参数设置

（1）将绝缘油放入烧杯中，并在图 4.17 所示仪器中真空干燥 48 h。
（2）将绝缘纸板切割成边长为 3 cm 的正方形，如图 4.18（a）所示。
（3）采用不同的干燥温度和干燥时间来处理尚未浸油的绝缘纸块，各样品的干燥条件如表 4.2 所示。

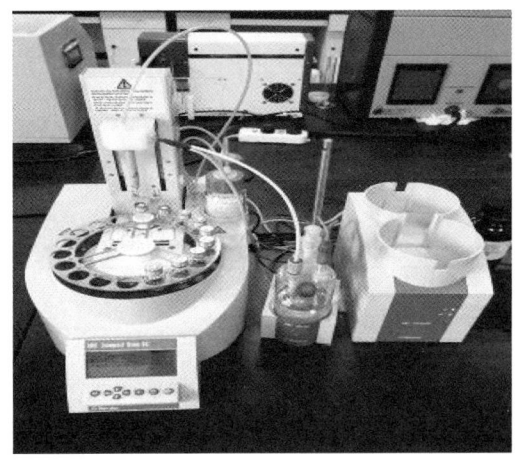

图 4.17 卡尔·费歇尔滴定仪

（a）处理前的绝缘纸块　　　（b）经干燥、浸油后的绝缘纸块

图 4.18 油浸纸板样品

（4）将各组经干燥处理后的绝缘纸块放入绝缘油中，使之完全浸泡以保持其水分，并用保鲜膜将瓶口封好。

经上述过程处理后得到如图 4.18（b）所示的实验样品。

为确定每组样品的含水量，本次实验采用卡尔·费歇尔滴定法标定其含水量，各样品的含水量如表 4.3 所示。

表 4.3 样品的干燥条件及含水量

样品编号	干燥温度/℃	干燥时间/h	含水量/%
1	90	24	0.452
2	90	2	0.895
3	60	2	2.156

续表

样品编号	干燥温度/℃	干燥时间/h	含水量/%
4	90	1	3.803
5	60	1	4.187
6	无	无	4.671

样品含水量随其编号递增,样品制备完成后,对其进行太赫兹时域光谱测试,测试环境温度为 25 ℃,湿度为 30%。

利用太赫兹时域光谱技术测试油纸样品,仅需将油纸夹持于设备中,即可进行实验,能保持样品的完整性,同时样品测试耗时低于 1 min。相比于现有的卡尔费休库仑(Karl Fischer Coulomb,卡尔·费歇尔滴定)法(制样烦琐,测试时长超 20 min),太赫兹技术具有快速无损、操作简单等优势。

如图 4.19 所示,控制系统可以控制平台的步进电机在水平平面上移动,选择需要测量的像素点。设置激光器发射激光,经过发射模块激发出太赫兹波,再聚焦照射到样品上。透射出样品的太赫兹波照射到检测模块,由信号采集装置得到太赫兹波的光强信息,最后将这些光强信息转换成电信号,传送到信号分析处理系统进行分析并存储。

图 4.19 油浸绝缘纸板的 THz 测试

具体实验步骤如下。

(1)对太赫兹设备进行系统初始化和实验参数设置,确定合适的参考信号和扫描时间,以供样品信号进行对比。

(2)将样品从油中取出,擦去表面绝缘油,放置在载物台上,如图 4.19 所示。

(3)设置电控扫描平台的初始位置参数,在样品上选取一个像素点进行采样,获得一组数据。

第 4 章　基于太赫兹的内绝缘设备无损检测方法

（4）改变扫描像素点的纵横坐标，在样品上另取两个不同位置的点进行测量，获得另外两组数据。测试完成后，取下样品。

（5）分别对 2~4 号样品依次重复步骤（2）~（4），最终得到 6 组样品的太赫兹时域波形，导入 MATLAB 软件进行数据分析与处理。

将太赫兹波未通过样品时的信号作为参考信号，各份样品及参考信号在太赫兹波段的时域响应如图 4.20 所示，由参考信号的时域波形可以得出，水分子的平衡位置位于 240~243 ps。由于水分子对太赫兹波的相互作用，会产生吸收、平动和转动的弛豫时间的改变等现象，其透射回来的太赫兹波形幅值和相位发生改变。

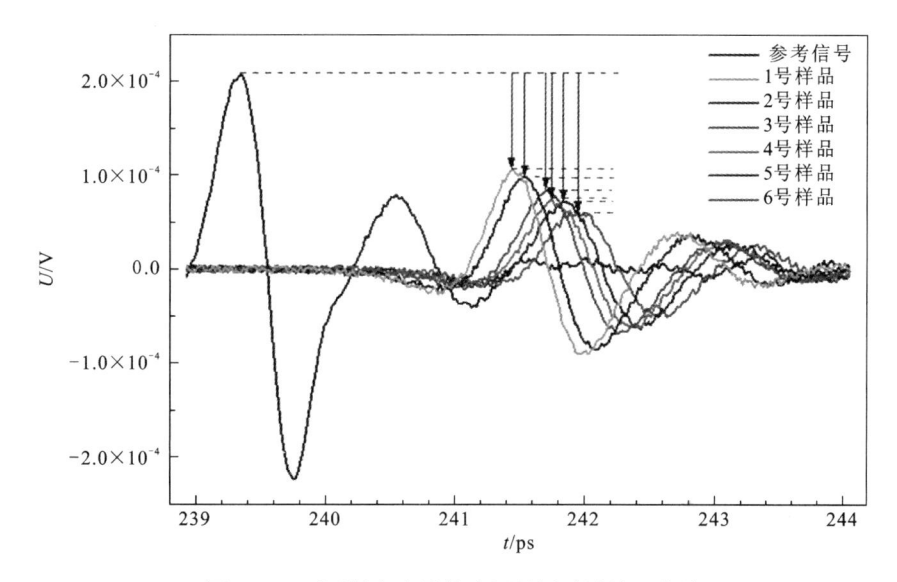

图 4.20　不同微水含量的油浸纸板时域波形曲线

一个水分子通过氢键与相邻 4 个水分子相连，从而在空间上形成局域四面体结构。水分子间特殊的氢键网络结构，在电磁波的作用下，氢键受激共振，水分子偶极子发生旋转取向，并经弛豫极化，形成新的氢键网络结构，而水中氢键的形成和断裂发生在皮秒量级，因此水分子间在皮秒量级存在多种相互作用，并在远红外和微波波段之间发生弛豫和谐振极化，形成对太赫兹波的强烈吸收作用。

如图 4.20 所示，随着含水量增大，油纸样品对太赫兹波的吸收也逐渐增强，透射强度随之降低，因此样品信号的峰值（图 4.20 中箭头处视为峰值）降低；同时，随着含水量增大，油纸样品介电常数增大，对于介电常数较高的介质，电磁波在其内部的传播速度较低，因此峰值时间将随着含水量的上升而延迟。当含水量减少时，THz 脉冲更早地到达检测器。因此，THz 脉冲的幅度变化和相位变化都可以提供关于样品的含水量的信息。

4.3.4 测试数据处理

随着波段的变化，水分子对太赫兹波的吸收迥异。为便于后续的数据处理和结果分析，将油纸样品的太赫兹时域信号进一步经傅里叶变换，可以得到该电磁脉冲在频域的分布：

$$\tilde{E}(\omega) = A(\omega)\exp[-\mathrm{i}\phi(\omega)] = E(t)\exp\int(-\mathrm{i}\omega t)\mathrm{d}t \tag{4.57}$$

由式（4.57）可见，一般情况下在频域中表示的电场强度是一个复数，它包含有电场的振幅和相位。转换为频域信号的波形，如图 4.21 所示的频谱信号，可以看出各种频率的入射信号透射过样品后的衰减情况，黑色曲线代表参考信号的频域响应。

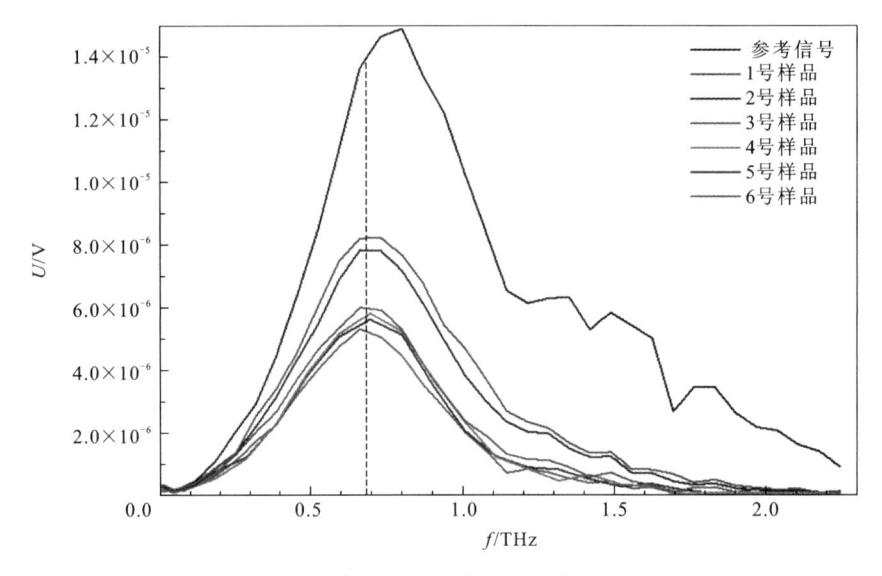

图 4.21 不同微水含量的油浸纸板频域波形曲线

如图 4.21 所示，各样品的频域信号在 0.7 THz 左右存在一个特征吸收峰，4 组样品的特征吸收峰位置几乎一致，这说明影响样品对太赫兹波吸收的因素相同，且随着含水量增大，吸收作用增强，峰值降低。

频域波形与时域波形曲线的趋势一致，含水量越高的样品其频域波形幅值越低。由于实验未在理想的真空环境中进行，会引起波形一定的畸变，从而导致曲线呈现出凹凸不平整的形态。尤其是在频率为 1~2 THz 时，波形畸变尤为严重，会引起一定相位上的误差。但所有样品均在同样条件下进行测试，且幅值在 0.5~1 THz 频段畸变不明显，不影响幅值的比较和实验结果的分析。

样品的太赫兹时域和频域谱线都一致地表明了水分子对入射太赫兹波的吸收作用，且幅值随着含水量的增大而减小，两者之间存在很好的相关性。从实验结果还可以得出，样品的太赫兹时域波形曲线的幅值、相位信息可以作为理想的检测信号，标定样品的含水量。也可以先确定含水量标准下的时域响应，再与样品的探测信号进行对比，判断其含水量是否符合要求。

在太赫兹频段下，许多介质的介电常数不再是单一固定值，而是随着频率发生变化，因此须考虑其色散特性，如水、离子溶液和生物组织等。Debye等[27]根据外加时变外电场时，电介质极化需要一段弛豫时间这一情况，建立了Debye模型来描述电介质的弛豫响应。但是大部分电介质都具有多弛豫时间响应，根据Vinh等[28]曾做的工作，目前，针对极性液体的复介电模型主要有以下4种。

（1）2阶Debye模型：

$$\tilde{\varepsilon} = \varepsilon_\infty + \frac{\Delta\varepsilon_1}{1+\mathrm{i}\omega\tau_1} + \frac{\Delta\varepsilon_2}{1+\mathrm{i}\omega\tau_2} \tag{4.58}$$

式中：ε_∞为高频状态下的介电常数；$\Delta\varepsilon_1$和$\Delta\varepsilon_2$分别为慢弛豫模型和快弛豫模型的弛豫极化强度，其对应弛豫时间分别为τ_1和τ_2。慢弛豫过程是由氢键网络的重新排列引起的；而快弛豫过程是由非氢键结构水分子的碰撞弛豫引起的。

（2）3阶Debye模型：

$$\tilde{\varepsilon} = \varepsilon_\infty + \frac{\Delta\varepsilon_1}{1+\mathrm{i}\omega\tau_1} + \frac{\Delta\varepsilon_2}{1+\mathrm{i}\omega\tau_2} + \frac{\Delta\varepsilon_3}{1+\mathrm{i}\omega\tau_3} \tag{4.59}$$

3阶Debye模型比2阶Debye模型多一个快弛豫过程，分为一个慢弛豫过程和两个快弛豫过程。

（3）弛豫谐振综合模型：

$$\tilde{\varepsilon} = \varepsilon_\infty + \frac{\Delta\varepsilon_1}{1+\mathrm{i}\omega\tau_1} + \frac{\Delta\varepsilon_2}{1+\mathrm{i}\omega\tau_2} + \frac{A_{\mathrm{OSC}}}{\omega_{\mathrm{OSC}}^2 - \omega^2 + \mathrm{i}\omega k_{\mathrm{OSC}}} \tag{4.60}$$

式中：A_{OSC}为谐振项幅值；ω_{OSC}为阻尼谐振的频率系数；k_{OSC}为阻尼谐振的阻尼系数。弛豫谐振综合模型考虑氢键谐振，添加了阻尼共振项。

（4）四分量模型：

$$\tilde{\varepsilon} = \varepsilon_\infty + \frac{\Delta\varepsilon_1}{1+\mathrm{i}\omega\tau_1} + \frac{\Delta\varepsilon_2}{1+\mathrm{i}\omega\tau_2} + \frac{A_{\mathrm{S}}}{\omega_{\mathrm{S}} - \omega^2 + \mathrm{i}\omega\gamma_{\mathrm{S}}} + \frac{A_{\mathrm{L}}}{\omega_{\mathrm{L}} - \omega^2 + \mathrm{i}\omega\gamma_{\mathrm{L}}} \tag{4.61}$$

式中：γ_{S}和γ_{L}分别为分子间的拉伸振动模型（the intermolecular stretching vibration model）和分子间的解放模型（the intermolecular liberation model）的阻尼常数；A_{S}和A_{L}为上述两过程的幅值；ω_{S}和ω_{L}为其对应角频率。由此可见第4种模型考虑了两种分子间的相互作用。

利用上述2阶Debye模型、3阶Debye模型、弛豫谐振综合模型、四分量模

型对样品的 ε' 曲线进行拟合，发现弛豫谐振综合模型可以很好地对实验数据进行拟合，拟合结果如图 4.22 所示，重合度高，拟合优度在 0.9 以上。采用的拟合软件为 1stOpt。通过拟合可以发现含微水油浸绝缘纸板系统，在频率高于 1 THz 区域主要的极化形式为弛豫极化和谐振极化，其中，谐振极化将造成介电响应曲线在（1.4±0.2）THz 区域出现一个共振峰，该项的拟合计算结果与实验结果基本一致。因此，本模型可以较好地拟合含微水油浸绝缘纸板在太赫兹频段下的介电响应。

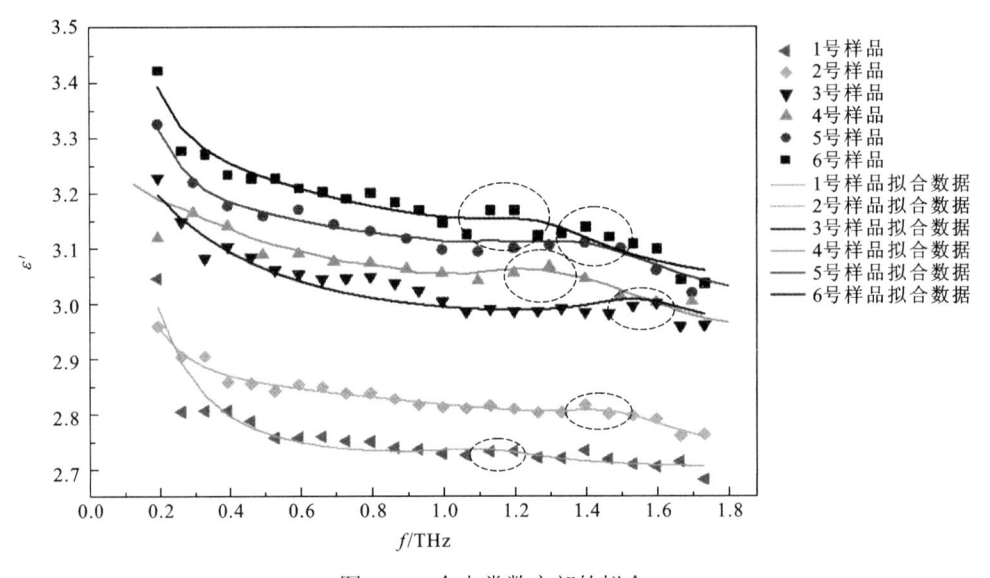

图 4.22　介电常数实部的拟合

受潮油浸纸板中的谐振极化过程（图 4.22 中所圈部分），在微观上受分子间作用力的影响，在宏观上受温度影响。由于实验过程温度可控，并且考虑到本实验频段集中在水分子特征频段内，因此水分子参与形成的氢键是决定谐振极化过程的重要因素。

以下分别讨论时域信号特征值和频域信号特征值是如何反映含水量改变的。

首先是时域信号特征。在不同含水量油浸纸板样品的时域谱中，随着含水量增大，油纸样品对太赫兹波的吸收也逐渐增强，透射强度随之降低，因此样品信号的峰值（图示箭头处视为峰值）降低；同时，随着含水量增大，油纸样品介电常数增大，对于介电常数较高的介质，电磁波在其内部的传播速度较低，因此峰值时间将随着含水量的上升而延迟。当含水量减少时，THz 脉冲更早地到达检测器。因此，THz 脉冲的幅度变化和相位变化都可以提供关于样品的含水量的信息。样品与参考信号的峰值比、相位差如表 4.4 所示。

表 4.4 样品的峰值比和相位差

样品编号	峰值比	相位差/ps	含水量/%
1	0.509 0	2.101 7	0.452
2	0.466 3	2.181 8	0.895
3	0.400 6	2.361 9	2.156
4	0.357 3	2.382 0	3.803
5	0.345 6	2.418 7	4.187
6	0.292 0	2.442 0	4.671

表 4.4 中含水量与信号的峰值比及相位差存在较大相关性。因此，可以将时域的峰值比和相位差作为区分油纸含水量的综合指标。

为实现油纸含水量的快速检测，本章研究认为可以提取测试信号的时域峰值比/相位差（1/ps）作为最简便且置信度比较高的识别参数，此参数综合利用了实验数据的峰值和相位信息，可靠性较高，且数据处理简单，结果如图 4.23 所示。

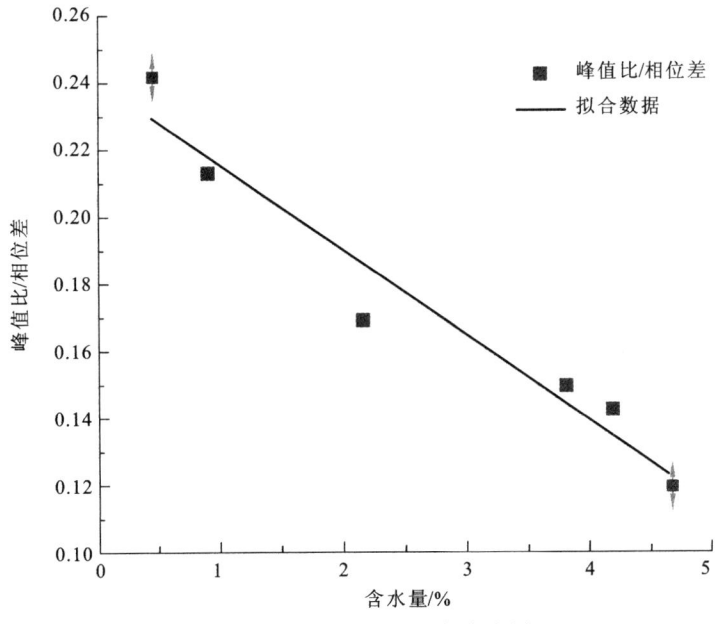

图 4.23 峰值比/相位差与含水量

图 4.23 中的线性拟合关系为 $\Delta F/T = Ah + B$，其中 $\Delta F/T$ 为峰值比/相位差（1/ps），h 为含水量，A、B 为常数，取 $A = -0.025\,29$、$B = 0.241\,13$，拟合优度为 0.934 5。

图 4.23 中的时域峰值比/相位差与含水量呈现较好的相关性，使用线性拟合

时域峰值比/相位差与含水量的关系，拟合优度为 0.913 3，因此可以利用时域太赫兹结果表征材料内部含水量。

其次，在频谱特征提取方面，选择弛豫谐振综合模型的谐振项幅值 A_{OSC} 作为太赫兹介电频谱特征量。谐振项的幅值 A_{OSC} 能够间接反映纤维素-水氢键和水-水氢键的数量与键能，表征油纸中水分状态及极化行为，与油纸含水量呈正相关关系，可以作为检测油纸含水量的特征量。在本实验中，不同含水量油浸绝缘纸板样品的 A_{OSC} 如图 4.24 所示。

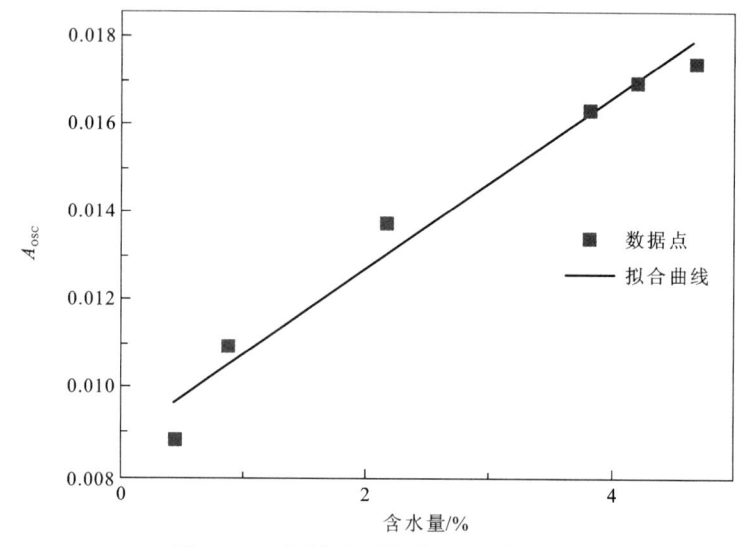

图 4.24 不同含水量的谐振项幅值 A_{OSC}

拟合结果表明，弛豫谐振综合模型的谐振项幅值 A_{OSC} 与含水量呈现正相关的关系，利用 MATLAB 对其进行线性拟合，可得到式（4.62）进行水分评估：

$$A_{\text{OSC}} = ah + b \tag{4.62}$$

式中：h 为含水量；a、b 为常数，取 $a=0.001\,95$，$b=0.008\,78$，拟合优度为 0.965 4。

综上所述，通过太赫兹时域及频域信号均可以对绝缘油中水分含量进行判断，由于样本数有限，无法断定上述两种特征值哪一种更准确。时域峰值和相位差的特征值具有普适性，适合多种研究对象，但其不能表征油浸纸板的极化行为及水分状态。弛豫谐振幅值 A_{OSC} 与含水量、谐振极化强度、水分子两种状态的比例呈正相关关系，能实现对油浸纸板的含水量、极化行为及水分状态的测试。

4.3.5 水分在油纸绝缘中的分布特性检测实例

水分在变压器油纸绝缘中通常分布是不均匀的，并且目前没有一种测试方法能够实现水分分布不均匀的二维成像,而太赫兹成像技术在其他领域早已有很多研究,因此可以利用太赫兹成像技术对不均匀含水的绝缘油浸纸板进行成像实现水分分布的直观呈现。同时,为研究太赫兹信号在多层油纸结构中的传播特性,制备并研究两种最基本、最典型的多层油纸结构:绝缘纸板-油隙-绝缘纸板结构及油隙-绝缘纸板-油隙结构。

1. 绝缘纸板样品制备

本实验需要制作水分不均匀分布的油纸样品,所用材料及设备的详细信息与4.3.2 小节相同,不再赘述。具体试验步骤如下。

(1) 将绝缘纸切割成长 70 mm、宽 5 mm 的长条状。

(2) 用滴管从一端吸水,使水分从吸水端开始扩散,这样水分就从吸水端向后减少,形成水分分布的不均匀。

(3) 将绝缘纸板条浸入 25#环烷基变压器矿物绝缘油中,放入真空干燥箱,以 90 ℃的温度抽真空 24 h,取出容器,加盖并使用保鲜膜密封保存。

实验时,将样品取出(图 4.25),可以看出右侧为吸水端,从右向左颜色逐渐变浅,可大致定性判断其含水量分布的情况。

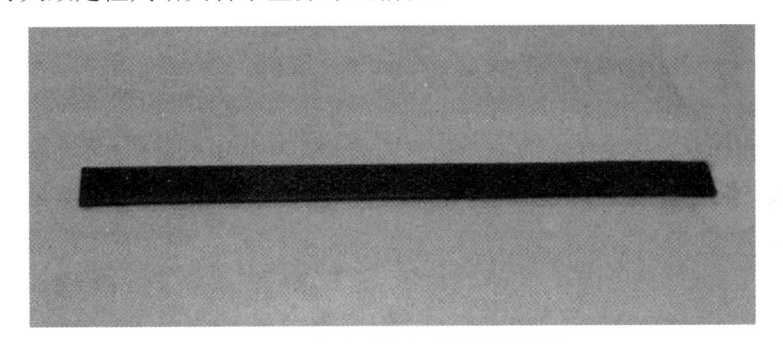

图 4.25 水分不均匀油纸绝缘样品

2. 油纸水分分布太赫兹成像方法

实验的目的是通过太赫兹光谱技术分析水分不均匀分布的油纸样品,并进行成像,从而直观清晰地展现样品的水分分布情况。成像的原理为:扫描样品,对样品的每个像素点进行光谱分析,提取特征量作为可以表征该像素点含水量的特征值,再将所有像素点特征值的数值大小按所在坐标列为矩阵,做出矩阵的灰度图,即为样品含水量分布的图像。该实验的基础还是通过扫描得到样品每个像素点的太赫兹时域和频域响应。

已知样品大小为 70 mm×5 mm,实验设置扫描范围为 70 mm×9 mm,扫描精度为 1 mm×1 mm，即对 630 个像素点进行光谱分析，能够得到这些像素点的时域和频域波形。

成像处理的实验步骤如下，具体实验参数如表 4.5 所示。

表 4.5 成像实验参数设置

系统参数	设置值
环境温度/℃	28
环境湿度/%	39
光谱扫描起点/ps	235
光谱扫描终点/ps	245
光谱扫描精度/ps	0.02
成像扫描精度/mm	1
成像扫描宽度（X 轴）/mm	70
成像扫描宽度（Y 轴）/mm	9

（1）对太赫兹设备进行系统初始化和实验参数设置，并确定合适的参考信号和扫描时间。

（2）将样品从绝缘油中取出，擦净，固定在样品平台上。

（3）定义电控扫描平台的初始位置参数，对样品内的第一个像素点进行采样，获得一组数据。

（4）控制设备移动样品平台，使太赫兹波入射样品的下一个像素点，获得另外一组数据。以此类推，完成对样品扫描范围内每一个像素点的采样，得到 630 个像素点的时域和频域响应；导入 MATLAB 软件进行处理与分析，选取特征量进行成像处理。

（5）测试完成后，取下样品，将其剪成 6 段长度约为 1 cm 的小段，按与吸水端距离的顺序从小到大依次编号为样品 1~6 号，再将每小段剪碎，用高精度天平分别称取约 50 mg 放入 6 个样品瓶中，进行卡尔·费歇尔滴定实验，通过各小段的含水量代表样品含水量的分布情况，与太赫兹成像结果进行对比，并做出分析。

3. 油纸水分分布太赫兹成像结果

对长条形的水分不均匀扩散样品进行扫描成像实验，得到样品 630 个像素点的时域和频域波形。要进行成像，需选取每个像素点的特征量，再按坐标将这些特征量列入 70×9 的矩阵，生成灰度图，即为样品的含水量分布情况。再对该样品进行卡尔·费歇尔滴定实验，将样品从吸水端开始切割成 6 段 1 cm 的小段样品进行滴定，测出各小段含水量，代表样品内部大致的含水量情况。

4.3.4 小节已经提出将每个像素点的谐振极化幅值 A_{OSC} 这一参量作为特征量。以一个像素点为例，在 MATLAB 软件中导入该像素点 TXT 格式的实验数据，用程序查找出其时域响应绝对值的幅值，并将该幅值除以对应的峰值时间，得到该像素点的特征量。用循环对 630 个像素点重复上述操作，将结果按坐标生成 70×9 的矩阵，按数值大小生成灰度图，颜色越浅代表含水量越高。成像结果如图 4.26 所示。

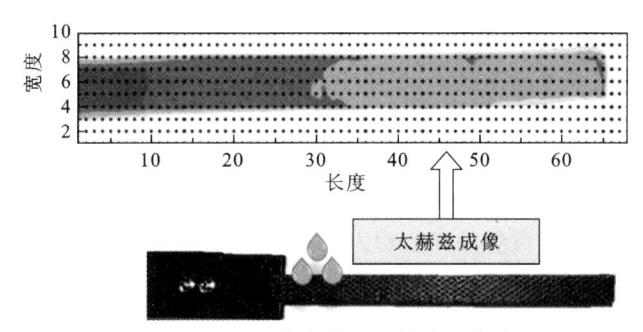

图 4.26 水分不均匀样品太赫兹成像结果

从水分的分布趋势来看，由于扫描宽度大于样品宽度，扫描长度也略大于样品长度，样品外侧为此时空气的含水量，颜色很浅，代表含水量很低。观察样品内部，从样品左侧（吸水端）向右侧，颜色不断变浅，代表样品从左至右含水量逐渐下降。

由本节实验可以得到，利用太赫兹光谱技术可以测量水分不均匀分布的油纸绝缘的水分分布情况，并在一定误差范围内定量测量样品含水量。使用 THz-TDS 系统测得样品内水分分布的图像，可以比较明显地看出样品内水分的分布，这是传统方法所做不到的。因此，油纸绝缘水分分布的太赫兹成像是一项有突破性的无损检测方法，并且有很大的实际应用潜力。

4.4 变压器绕组电化学腐蚀无损检测

从故障高压电抗器的解体分析发现，绕组线圈是最容易遭受硫腐蚀的部件。然而，现场对线圈进行硫腐蚀检测时，需将绕组拆解，剥开层层缠绕的绝缘纸才能对铜导线和绝缘纸内部进行观察和分析，该过程耗时、烦琐且具有破坏性。国际大电网 CIGRE 委员会在其 A2.32 工作报告中也指出：除了检测油中硫腐蚀产物的附属生成物之外，暂无其他可靠手段检测 Cu_2S 在设备中的生成情况。因此，尚缺乏一种在不拆解绝缘纸的前提下，对故障电力设备绕组纸包铜硫腐蚀状况进行无损检测和定量评估的方法。

4.4.1 绕组硫腐蚀检测的技术需求

要实现绕组纸包铜硫腐蚀状况的无损检测，需要解决以下关键问题：首先，铜导线上缠绕的绝缘纸单层厚度一般在 0.045～0.125 mm，通常会包裹几层或十几层，铜导线上绝缘纸总厚度往往大于 1 mm，因此，检测信号需穿透若干层绝缘纸后，仍有足够的有效信号能被探测到；其次，该检测方式要能"识别"铜导线表面典型腐蚀产物 Cu_2S，即 Cu_2S 和铜对检测信号具有区别明显的反馈，从而实现腐蚀产物的检测和辨别；除此之外，鉴于绕组的盘状多匝结构，穿透型检测难以实现，因此，检测信号需从 Cu_2S 或铜表面返回并被仪器探测和识别，且反射信号中应包含能够实现腐蚀产物检测的一种或多种有效信息。综合以上需求，决定了该检测手段需要：①对绝缘纸有良好穿透性；②在 Cu_2S 和铜表面能反射足够强度的信号；③对 Cu_2S 和铜这两种物质具有不同的信号响应。

鉴于此，利用电磁辐射进行绕组腐蚀检测是一种比较符合需求的手段。电磁波频率范围在 $10^0 \sim 10^{24}$ Hz，低频波长为 $10^3 \sim 10^4$ m，主要用于无线电通信，而高压电抗器绕组宽度一般在 10 mm，低频电磁波显然无法用于绕组腐蚀检测。但也并非频率越高的电磁波越有利于绕组腐蚀检测，例如，频率极高的 X 射线波长为 $10^{-12} \sim 10^{-8}$ m，理论上能轻松穿透绝缘纸并在铜导线浅层表面产生衍射和反射[29]，但 X 射线的电离辐射会对操作人员的健康造成危害，难以实现绕组腐蚀的现场测试。

典型的太赫兹波段位于红外与微波之间，其频率介于 0.1～10 THz，波长为 $3 \times 10^{-5} \sim 10^{-3}$ m（图 4.27）。首先，Cu_2S 是一种具有四方体或正六方体结构的晶体，当绕组发生硫腐蚀时，常以团聚状态出现在铜导线或绝缘纸的表面，其介电属性和光学属性与铜不同，在特定光学频段下会表现出不同的响应，因此，采用太赫兹光谱对铜导线表面腐蚀产物进行检测存在理论上的可能；其次，太赫兹波在绝缘纸和矿物绝缘油等绝缘材料中具有良好的穿透性，而在导电的金属（铜）表面具有强烈的反射，因此，理论上油浸绝缘纸对太赫兹波能量吸收较少，对铜硫腐蚀检测的影响较小。另外，高频的太赫兹波具有良好的空间分辨率，且信噪比很高（达 10^5 以上），即使在背景噪声较强的环境下仍可进行光谱测试。此外，太赫兹波的能量较低（一个频率为 1 THz 的光子的能量仅为 4.1 MeV），采用太赫兹光谱测试不会对油纸绝缘强度造成损伤，也不会对人体健康造成危害。因此，使用 THz-TDS 技术对绕组纸包铜的腐蚀状况进行无损检测存在理论上的可行性。

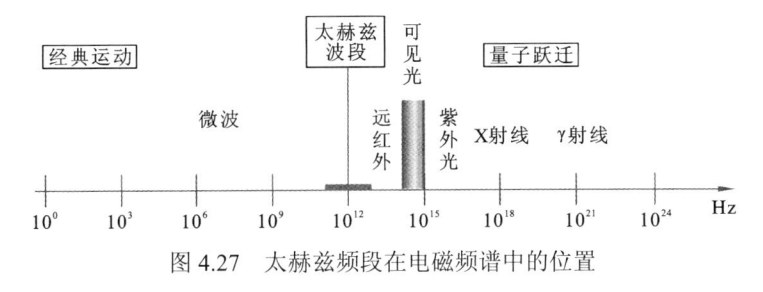

图 4.27 太赫兹频段在电磁频谱中的位置

4.4.2 绕组硫腐蚀检测的原理

折射率、消光系数和吸收系数等材料光学常数是描述材料宏观光学性质的重要物理参量，也是应用太赫兹光谱对物质成分、结构等开展研究工作的基础。太赫兹脉冲在介质中的复折射率可以表示为

$$\tilde{n}(\omega) = n(\omega) - j\kappa(\omega) \tag{4.63}$$

式中：实折射率 $n(\omega)$ 是介质对太赫兹波传播相位特性的表征；消光系数 $\kappa(\omega)$ 是太赫兹波在传播媒质中吸收和色散特性的表征。

物质与太赫兹波间的相互作用，可以通过麦克斯韦方程描述。结合斯涅尔定律和菲涅耳公式，在不考虑薄样品中多次反射的垂直或者小角度入射情况下，样品中太赫兹波的复透射函数可以表示为

$$\widehat{H}(\omega) = \frac{4\tilde{n}_s(\omega)}{[1+\tilde{n}_s(\omega)]^2} \cdot e^{\frac{-j[\tilde{n}_s(\omega)-1]\omega d}{c}} \tag{4.64}$$

式中：$\tilde{n}_s(\omega)$ 为样品的复折射率；d 为样品的厚度；c 为真空光速。将该式改写成幅角形式为

$$\widehat{H}(\omega) = \rho(\omega) \cdot e^{-\kappa_s(\omega)\omega d} \tag{4.65}$$

式中：$\rho(\omega)$ 为透、反射波相对幅值。将复折射率公式（4.63）代入式（4.65），得到 $\rho(\omega)$ 的表达式：

$$\rho(\omega) = \frac{4[n_s^2(\omega) + \kappa_s^2(\omega)]^{\frac{1}{2}}}{[1+n_s(\omega)]^2 + \kappa_s^2(\omega)} \cdot e^{-\frac{\kappa_s(\omega)\omega d}{c}} \tag{4.66}$$

由式（4.66）可知，在频率一定的情况下，透、反射波的幅值与样品折射率和吸收系数（即物质种类、结构等因素）相关。腐蚀沉积物 Cu_2S 和铜导体的物质属性和结构差异决定了其复折射率的不同，并会导致太赫兹波从空气中入射到两种物质表面之后，反射波产生差异。与此同时，太赫兹波在一般绝缘介质中表

现出弱吸收特性，即 $\kappa_s(\omega) \ll n_s(\omega)$，理论上太赫兹脉冲穿透绕组层层绝缘纸后，仍可获得有效测试信号。

太赫兹波在绕组纸包铜导线样品（以 2 层绝缘纸包裹为例）中的传播途径如图 4.28 所示。检测信号（E_0）从空气中向样品传导，在空气-绝缘纸界面发生第一次反射（E_{r1}）和折射。透射太赫兹波穿过绝缘纸，在绝缘纸-空气（气隙 1）界面发生第二次反射（E_{r2}）和折射。随后，太赫兹波会在层层绝缘纸和气隙中发生多次折、反射，最终达到待测铜片表面，并在空气-铜（Cu_2S）界面发生能量的全反射。可以看出，一个太赫兹脉冲在纸包铜绕组的传播过程中，在各界面都会发生多次折、反射，并产生多峰叠加的反射信号（如图 4.28 中 E_{r3}、E_{r4}、E_{r5} 等）。因此，这个反射信号既包含各反射界面处的幅值信息，也包含不同纵深界面处的飞行时间（即相位）信息。

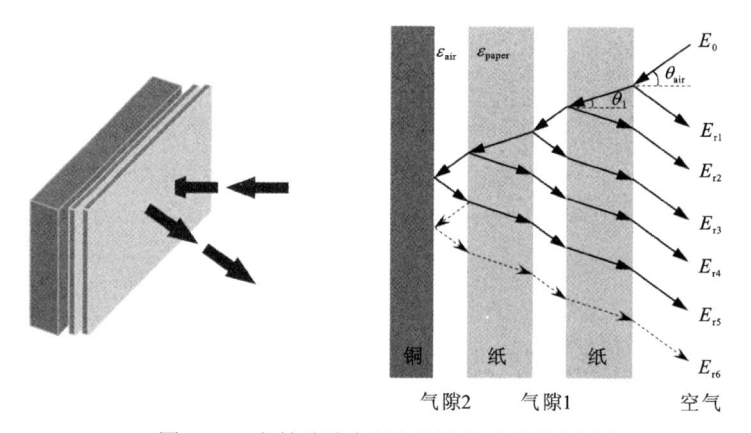

图 4.28　太赫兹波在纸包铜绕组中的传播途径

以包裹两层绝缘纸为例

4.4.3　试验样品制备

制备两种样品，分别探究太赫兹波在纸包铜绕组中的传播规律和反射信号特征，以及腐蚀产物 Cu_2S 和铜两种物质在太赫兹波段反射信号的差异。其中，实验用绕组纸包铜导线购自重庆某变压器有限公司，铜导线宽 12 mm、厚 3 mm，由 12 层单层厚度为 0.10 mm 的绝缘纸包裹，绕组被切成 70 mm 长的平直段状以供测试。为探究 Cu_2S 和铜对太赫兹波响应的差异，准备一个边长为 40 mm、厚度为 1.5 mm 的表面光滑铜板，在铜板中央开半径 $R=7.5$ mm、深度 $H=0.1$ mm 的平整圆槽，将商用 Cu_2S 粉末（麦克林，纯度≥99%）在凹槽中压制紧实，使 Cu_2S 表面与铜板齐平，制成如图 4.29 所示的模拟铜片硫腐蚀样品。

(a) 示意图　　　　　　　　　　　　(b) 实物图

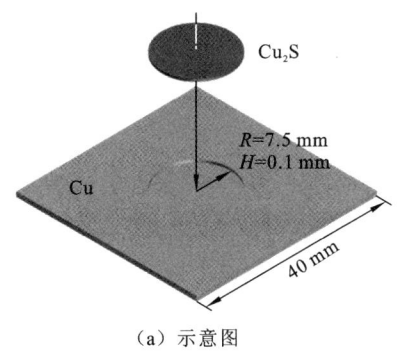

图 4.29　模拟铜片硫腐蚀样品

使用反射式太赫兹测试系统进行检测，测试过程中发现：对一个测试点而言，受环境因素影响单次脉冲测量波形存在不稳定性，增加测量脉冲数量并对其输出波形取平均值，可获得更为稳定的波形输出。实验表明，当重复测量脉冲数达到32次以上时，输出波形幅值及相位重复性极好，误差<0.1%。在本章研究中，每个测试点均取64次重复测量的拟合结果，以减小系统误差。

4.4.4　检测方法

图4.30是典型的12层绝缘纸包铜绕组的太赫兹波反射时域信号波形图。本章研究中使用的太赫兹波探测器的时域窗口范围是0～100 ps，实际反射波形在17.5 ps之前（在空气中传导，未到达样品表面）和50 ps之后（太赫兹脉冲在铜表面能量全部反射）都趋于稳定，因此，仅截取17.5～50 ps这个有效时间窗口的波形进行展示和说明。

由图4.30可知，太赫兹波发生器产生的检测波在空气中传导，当到达空气与最外层绝缘纸的界面时，产生第一个反射回波。上文提到，太赫兹波在绝缘纸中的透过性较好，更多的能量进入绕组内部，而在空气-绝缘纸界面的反射波能量较少，幅值（即反射回波的峰-峰值，下文提及幅值均为峰-峰值）约为3 310 a.u.。多层绝缘纸之间不可避免地有气隙存在，太赫兹波从气隙到达绝缘纸表面或穿过绝缘纸到达气隙表面时会发生多次折、反射。随着穿透层层绝缘纸，太赫兹波的能量不断衰减，因此反射波幅值呈现减小的趋势（幅值从3 310 a.u.减小到约740 a.u.）。当探测波到达绝缘纸内侧气隙与铜片的界面时，能量在平滑铜片表面几乎全部反射，产生了最大回波（幅值约为4 250 a.u.），该回波的幅值和飞行时间（相位）反映了铜表面形貌信息，因此，是本节关注的"主峰"。从最外层绝缘纸表面到铜表面的不同反射回波不仅幅值存在差异，相位也差别明显（具体表

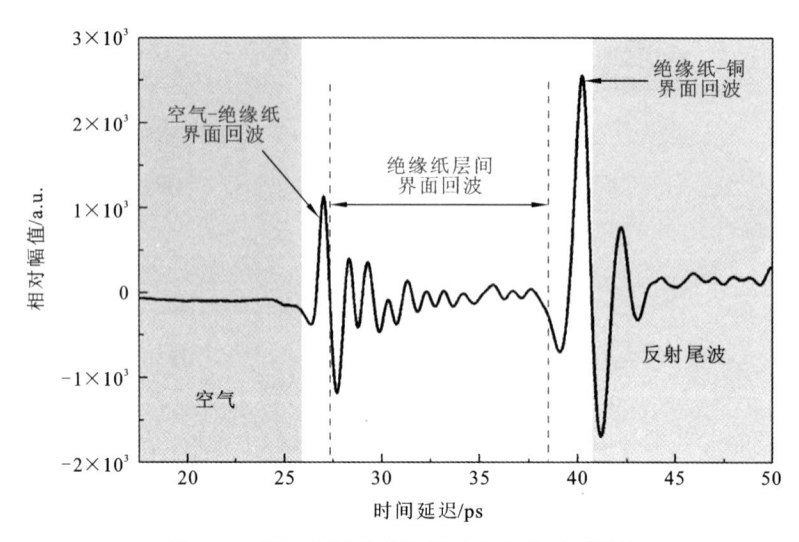

图 4.30 纸包铜导体的反射式太赫兹时域波形

现在时间延迟不同），一方面是因为各反射面的光程不同，另一方面是因为不同介质的折射率不同，从而导致了太赫兹波在不同介质中的传播速度也存在差异。主峰之后波形并未归于水平，而是存在多个幅值较小的反射尾波，经测试分析，发现这一系列尾波的出现主要源自环境中水分含量的影响，但由于该尾波对本节绕组纸包铜导线的测试分析影响较小，所以不对其进行特殊处理。

4.4.5 腐蚀产物对反射波幅值的影响

新绝缘纸纤维素表面和新铜表面光洁且无异物沉积，而发生腐蚀的绕组绝缘纸和铜表面都存在腐蚀产物 Cu_2S 沉积，腐蚀严重时两者表面均被致密的 Cu_2S 所覆盖，说明铜表面及绝缘纸上的 Cu_2S 沉积是反映绕组腐蚀程度的两个最重要参量，本节分别探究这两部分腐蚀沉积物对反射波幅值的影响。

1. 铜片表面腐蚀沉积物对反射波幅值的影响

对模拟铜片硫腐蚀样品进行太赫兹光谱测试，其表面反射时域信号波形如图 4.31（a）所示。太赫兹波穿过物体后的能量可以表示为

$$E = E_0 \tilde{t}_1 \tilde{t}_2 \exp(-j\tilde{n}l) \tag{4.67}$$

式中：E_0 为太赫兹波穿过物体之前的初始能量；l 为物体的厚度；$\tilde{t}_1$ 和 $\tilde{t}_2$ 分别为物体两个界面的透射率，物质对太赫兹波传播的阻挡主要有界面反射、物质吸收和物体中微小结构的散射 3 种形式。

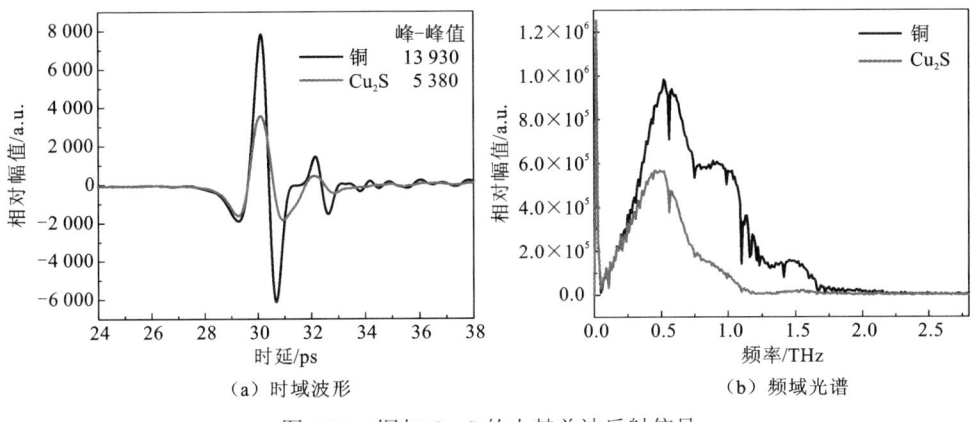

图4.31 铜与Cu_2S的太赫兹波反射信号

(a) 时域波形　　(b) 频域光谱

平滑铜片的反射波幅值约为 13 930 a.u.（10 个分散测试点的统计结果）。对折射率大的物质而言，太赫兹波在物体表面的反射率高，因而其透过界面进入物体内部的比例非常小。可认为铜具有极高的介电常数，因此太赫兹波在其表面几乎完全反射，而 Cu_2S 的反射波幅值仅有 5 380 a.u.，比铜的反射波幅值减小了约 61.4%，说明 Cu_2S 对太赫兹波有比较明显的吸收。这种吸收可能来自 Cu_2S 这种半导体材料本身对光子能量的吸收及其宏观沉积状态对太赫兹波的散射作用。由此可见，铜和 Cu_2S 反射波幅值的差异可以作为铜导线腐蚀产物的分辨依据。

对 Cu_2S 和铜的反射波时域信号进行傅里叶变换，可得到图 4.31（b）所示的频域光谱。可以看到，Cu_2S 和铜的反射波频谱在 0.56 THz、0.75 THz 和 0.99 THz 左右都出现了明显的吸收峰，然而，这几个频域附近都是水蒸气的典型吸收峰，且水蒸气对 1 THz 以上太赫兹波的吸收更加强烈[30]。除此之外，并无其他特征吸收峰，因此，时域信号相较频域信号可更好地实现 Cu_2S 的检测。

2. 绝缘纸表面腐蚀沉积物对反射波幅值的影响

硫腐蚀过程往往伴随着绝缘纸的老化，鉴于太赫兹波对绝缘纸优良的穿透作用，对老化绝缘纸（厚度 0.10 mm）和表面附着 Cu_2S 的腐蚀绝缘纸进行透射式太赫兹光谱测试，以探究绝缘纸上 Cu_2S 对太赫兹波能量的吸收作用。与反射式不同，本测试过程中太赫兹信号发射端和接收端分别位于样品两侧，太赫兹波垂直穿过样品，以空气中太赫兹脉冲信号作为参照，测试结果如图 4.32 所示。

由图 4.32 可知，太赫兹波在穿过老化绝缘纸的过程中发生了能量损失，透射波幅值从空气介质的 13 563 a.u. 下降到 11 770 a.u.，说明老化绝缘纸吸收了 1 793 a.u. 的能量。而表面存在 Cu_2S 沉积的腐蚀绝缘纸则对太赫兹波有更加显著的吸收作用，透射波幅值从老化绝缘纸的 11 770 a.u. 降低到 9 512 a.u.，幅值降

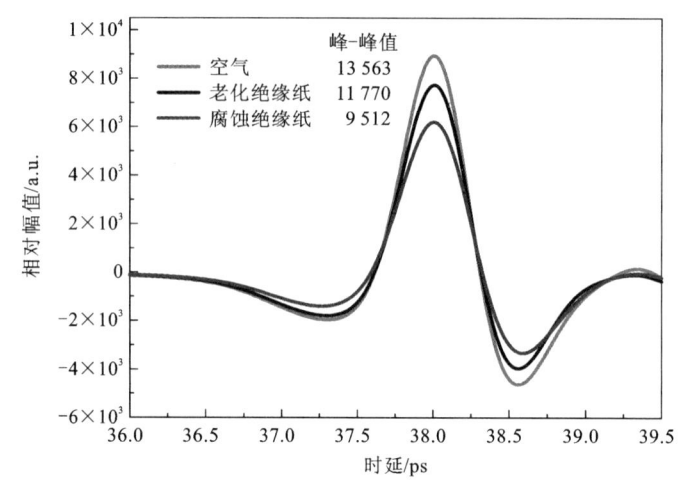

图 4.32　绝缘纸上 Cu_2S 对太赫兹波的吸收信号

低了 2 258 a.u.。由式（3.5）可知，太赫兹波穿过物体后的能量跟物体的透射率 t 及厚度 l 相关。Cu_2S 的透射率比腐蚀绝缘纸更小，且随着绕组腐蚀程度的加重，腐蚀绝缘纸表面沉积的 Cu_2S 厚度越大，对太赫兹波能量的吸收也就更多。因此，实验中透射波幅值的损失是由 Cu_2S 对太赫兹波能量的吸收所致。

现有绕组线圈腐蚀程度的判断方法是将绝缘纸剥去，将铜导线表面变色状况与 ASTM 标准比色卡进行对比，从而定性地判定铜腐蚀程度。然而，Cu_2S 在绝缘纸上的沉积和扩散对油纸绝缘性能有直接而关键的影响，仅关注铜导线的腐蚀程度而忽略腐蚀绝缘纸上的 Cu_2S 沉积状况，不利于全面评估绕组硫腐蚀状态及硫腐蚀对油纸绝缘性能的潜在威胁。本章研究使用反射式太赫兹时域光谱法，可以同时对铜表面和绝缘纸表面沉积的 Cu_2S 进行检测，理论上可以更准确、全面地反映纸包铜绕组的腐蚀状况。

4.4.6　纸包铜绕组硫腐蚀成像及量化评估

1. 扫描平台及成像原理

基于上文太赫兹反射波幅值区分铜和腐蚀产物 Cu_2S 的研究结果，进一步，如果对试样进行多点测试并将反射波幅值以阵列形式呈现，就可能实现绕组表面腐蚀形貌二维成像。为此，设计一个可在水平面沿 X-Y 方向移动的测试台，由相互垂直的两个精密直线丝杆电机拖动以实现样品的二维扫描，X-Y 轴移动范围为 150 mm×150 mm，步长为 0.1 mm。测试时，将样品置于测试台上，按照计算机设定的扫描轨迹对待测样品进行逐点测试[图 4.33（a）]，所有测试点的完整时域波形都被保存下来。应用反射式 THz-TDS 成像时，每一个像素点都由一个时域波形组成，因此，可以利用每个像素点对应的时域信号幅值、相位和飞行时间等信息成像（本节使用反射时域信号幅值成像），从而重构待测样品的折射率、结构特征和厚度分布等信息。

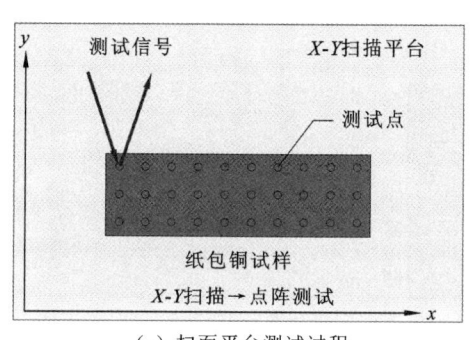

（a）扫面平台测试过程　　　　（b）二维图像反射波峰值示意图

图 4.33　铜硫腐蚀样品和腐蚀纸包铜绕组实物二维扫描图

假设被测样品共有 $A \times B$ 个像素点，每个像素点时域脉冲的采样点数为 T，则 THz-TDS 成像结果可以表示如下：

$$I_{abs} = f(x, y, t) \tag{4.68}$$

式中：$0 \leq x \leq A$，$0 \leq y \leq B$，$0 \leq t \leq T$。而在 (x, y) 的位置像素点 $p(t)$ 是一个由采样点数 T 决定的完整脉冲信号。理论上，T 越大，得到的脉冲信号越稳定，测量误差也越小，但测量时间会增加。本实验综合考虑测试时间和精度，将 T 统一设置为 64。分别对老化绝缘纸板覆盖的铜硫腐蚀样品和腐蚀纸包铜绕组实物进行二维扫描，各点反射波幅值可组成如图 4.33（b）所示的阵列。

鉴于不同绕组试样的腐蚀程度存在差异，且样品纵深的细微差异可能会导致反射波幅值的变化，不宜将不同样品反射信号幅值进行直接比较。因此，对测试样品的反射波幅值进行归一化处理，处理公式如下：

$$I_{norm} = \frac{I_{sample}}{I_{ref}} \tag{4.69}$$

式中：I_{ref} 为全新铜导线的反射波主峰幅值。图 4.33（b）中，I_{max} 为样品反射波主峰幅值最大的点，即腐蚀程度最浅的点；I_{min} 为反射信号幅值最小的点，即腐蚀程度最深的点；归一化标尺的范围是 $[I_{min}/I_{ref}, I_{max}/I_{ref}]$。归一化处理可在不影响成像结果的前提下，通过数值的大小对测试区域的腐蚀深浅进行直观判断。在归一化标尺中，数值越小说明该点反射波幅值与光滑铜表面的反射波幅值之比越小，对太赫兹波能量吸收越多，即该点腐蚀程度越深。

2. 铜表面腐蚀形貌的二维成像

首先选取裸露铜硫腐蚀样品和老化纸板覆盖下的铜硫腐蚀样品进行二维扫描，对反射波信号进行归一化处理和二维成像，并对比两种试样的成像效果。扫描步进值设置为 1 mm，扫描范围为 26 mm×26 mm，以全新未腐蚀纸包铜导线的反射波幅值为基准，将测试所得反射波主峰的幅值进行归一化处理，并以此为依据对铜表面 Cu_2S 分布进行矩阵成像，结果如图 4.34 所示。

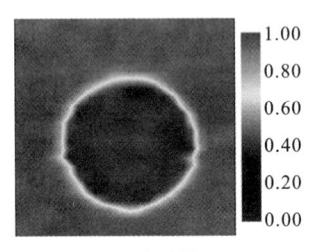

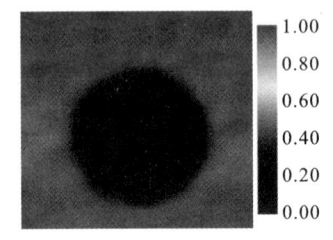

（a）裸露腐蚀样品　　（b）覆纸板腐蚀样品　　（c）提高对比度的覆纸板腐蚀样品

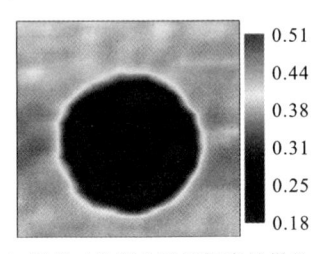

图 4.34　二维成像结果

当归一化标尺统一为(0.00, 1.00)时，裸露腐蚀样品的图像[图 4.34（a）]可明显区分铜表面和 Cu_2S 聚集区域（中间圆形区域）；而表面覆盖老化绝缘纸板的腐蚀样品的图像[图 4.34（b）]也能显示出两者间的差异，但对比度下降，这是因为绝缘纸板的存在降低了反射信号的幅值，使铜和 Cu_2S 两者幅值差异的绝对值减少。将图像输出区间设置为实际反射信号幅值区间(0.18, 0.51)时[图 4.34（c）]，Cu_2S 和铜片便可呈现出明显的对比度。以上实验说明，该测试方法可以透过绝缘纸板清楚地辨别铜表面腐蚀产物，并且能较清晰地还原铜片表面 Cu_2S 的分布形貌。

进一步，对发生硫腐蚀的纸包铜绕组进行扫描及成像。为详细区分铜导线表面沉积的 Cu_2S 和绝缘纸上附着的 Cu_2S 对检测效果的影响，分别对图 4.35（a）所示的腐蚀铜、腐蚀纸包新铜（新铜用以提供反射基底，扫描结果主要体现绝缘纸上的 Cu_2S）和腐蚀纸包铜三个样品进行扫描，相应的太赫兹成像结果如图 4.35（b）所示。样品的腐蚀区域可以粗略划分为三个部分：未腐蚀区域、腐蚀区域 1 和腐蚀区域 2。按照石油产品铜片腐蚀试验法的 ASTM D130/TP 154 标准判断，未腐蚀区域变色程度约为 Fresh/1a，腐蚀区域 1 铜导线的腐蚀程度约为 3b，腐蚀区域 2 铜导线的腐蚀程度约为 4b/4c。对腐蚀铜单独成像时，三部分区域形貌还原程度并不高，这是因为部分 Cu_2S 从铜表面转移到绝缘纸表面，仅从铜表面形貌不能完全还原绕组的腐蚀状态。腐蚀纸包新铜的样品可以反映绝缘纸上 Cu_2S 的沉积量，从其太赫兹成像可知，腐蚀区域 2 有更多的 Cu_2S 转移到绝缘纸表面。腐蚀纸包铜的太赫兹成像是铜导线和绝缘纸表面 Cu_2S 沉积的综合体现，该成像结果较好地还原了绕组整体的硫腐蚀状况。

(a) 绕组腐蚀实物图

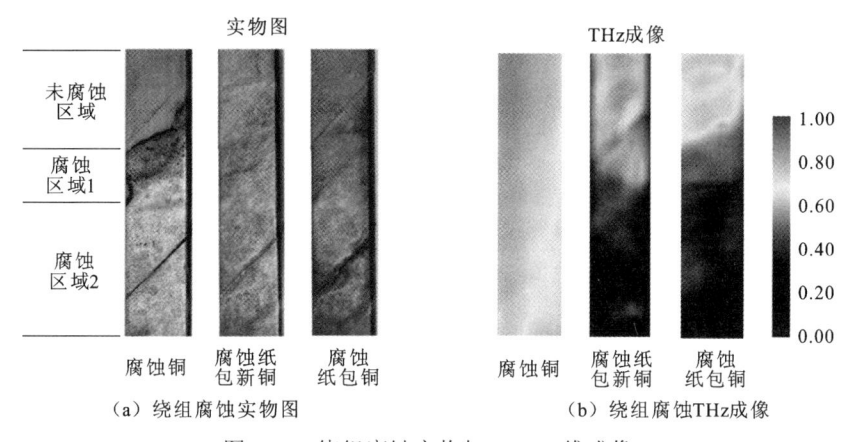

(b) 绕组腐蚀THz成像

图 4.35　绕组腐蚀实物与 THz 二维成像

3. 绕组腐蚀程度量化评估方法

对于绕组铜导线腐蚀程度的判断，工程中常用的方法是拆解绕组后，将铜导体表面的变色状态与 ASTM D130/TP 154 标准比色卡对比，选取比色卡中与铜变色最接近的色条，并将对应分级作为样品腐蚀程度。该方法的缺点是受检视人主观影响较大，不同检视人对同一样品的判断结果可能存在差异。现引入一种基于太赫兹光谱反射波幅值对绕组腐蚀程度进行定量评估的方法，该方法的设计及执行思路如图 4.36 所示。

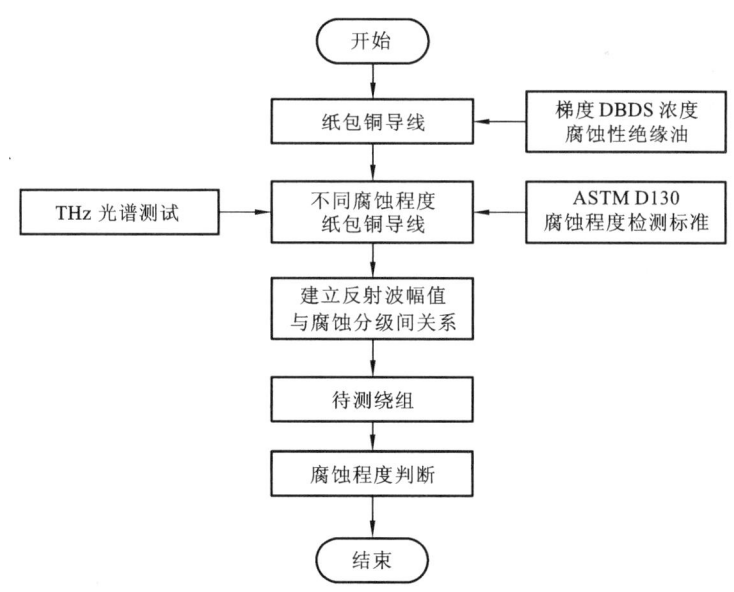

图 4.36　绕组腐蚀程度评价执行流程

DBDS：二苄基二硫醚（dibenzyl disulfide）

在绕组腐蚀程度检测过程中，对样品指定区域或整个样品总体腐蚀程度的评估更具有实用价值，这需要结合样品各测试点反射波幅值和总测试面积两个因素进行综合分析。上文研究已实现对绕组纸包铜导线腐蚀形貌的二维成像，基于此，现提出如下公式对样品指定区域的腐蚀程度进行量化表征：

$$腐蚀程度 = \sum_{0}^{7}腐蚀级别 \times 权重 \qquad (4.70)$$

式中：腐蚀级别按照 ASTM 标准划分为若干种情况，每种腐蚀级别对应的权重=该腐蚀级别测试点数量/总测试点数量。公式计算得到样品的腐蚀程度（corrosion degree，CD），数值越大说明腐蚀程度越深。该公式的重点是确定反射波归一化幅值与 ASTM D130/TP 154 腐蚀检测标准判定的腐蚀程度之间的对应关系，这需要通过大量测试数据实现。

首先，配制梯度 DBDS 浓度的腐蚀性绝缘油，控制加速腐蚀的温度和时间，制备一批腐蚀程度递增的绕组样品（部分样品于图 4.37 中列出）；随后，对单层纸包铜样品进行二维扫描[测试时控制室温（20±2）℃，环境湿度约 50%]，得到样品的反射波幅值矩阵（每个矩阵由若干测试点构成），以全新未腐蚀纸包铜导线的反射波幅值为基准，对样品反射波幅值矩阵进行归一化处理；接下来，剥去绕组表面绝缘纸，将铜表面变色程度与 ASTM D130/TP 154 标准比色卡对比，建立铜片腐蚀程度与反射波幅值间的对应关系；最后，经过大量测试所得统计数据，确定样品反射波归一化幅值所对应的腐蚀分级。

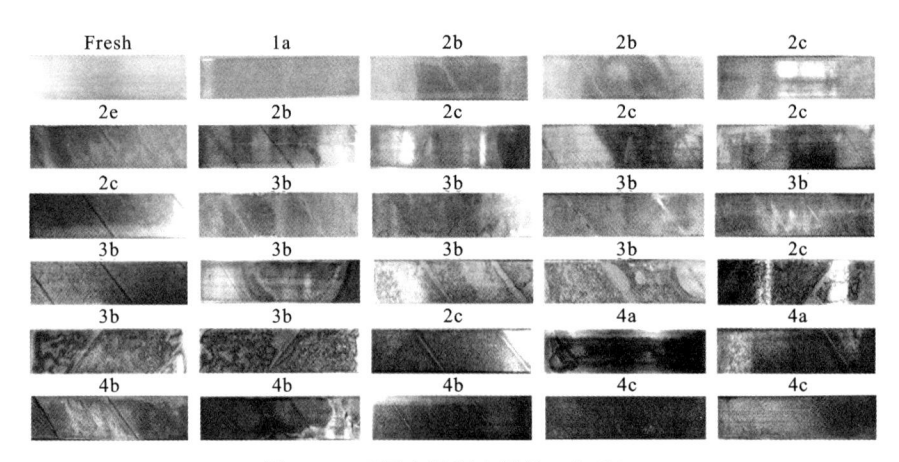

图 4.37 不同腐蚀程度样品（部分）

通过大量的实验结果发现，绕组铜导线的腐蚀程度主要分布在 Fresh、1b、2b、2c、3b、4a、4b 和 4c 8 个等级。因此，本节根据 ASTM D130 标准将腐蚀级别相应地划分为 8 个级别：其中，Fresh 为腐蚀级别 0，1a 和 1b 划分为级别 1，2a 和

2b 划分为级别 2，2c、2d 和 2e 划分为级别 3，3a 和 3b 划分为级别 4，4a、4b 和 4c 分别为级别 5、6 和 7。将腐蚀分级与对应的反射波归一化幅值区间建立对应关系，具体如表 4.6 所示。

表 4.6 反射波归一化幅值区间及对应腐蚀级别

ASTM D130/TP 154	幅值区间	腐蚀级别	ASTM D130/TP 154	幅值区间	腐蚀级别
Fresh	1.000~0.872	0	3a, 3b	0.675~0.568	4
1a, 1b	0.871~0.833	1	4a	0.567~0.507	5
2a, 2b	0.832~0.741	2	4b	0.506~0.368	6
2c, 2d, 2e	0.740~0.676	3	4c	0.367~0.000	7

以图 4.38 中的腐蚀纸包铜样品为例：对其进行二维扫描，可以得到一个 8×41 像素的矩阵，每个像素点对应一个测试点；取各测试点反射波主峰幅值进行归一化处理，得到图 4.38 所示的归一化矩阵。在表 4.6 中找到归一化幅值对应的腐蚀级别，根据式（4.70）计算可得，未腐蚀区域的 CD 值≈0.10（根据 ASTM D130/TP 154 标准判断其腐蚀程度：Fresh/1a），腐蚀区域 1 的 CD 值≈3.9（根据 ASTM D130/TP 154 标准判断其腐蚀程度：3b），腐蚀区域 2 的 CD 值≈5.8（根据 ASTM D130/TP 154 标准判断其腐蚀程度：4b/4c），说明 CD 值与 ASTM D130/TP 154 标准对样品腐蚀的程度判定具有一致性。

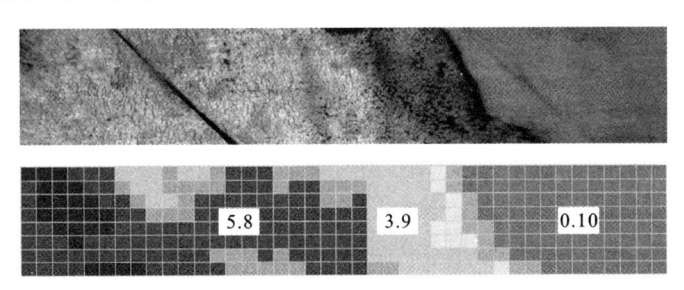

图 4.38 腐蚀铜导线及其反射波矩阵

使用上述方法对若干腐蚀程度不同的铜导线进行测试，计算所得 CD 值与使用 ASTM D130/TP 154 标准判定结果列于表 4.7 中。当铜导线腐蚀程度较重时，根据式（4.69）算得的 CD 值与 ASTM D130/TP 154 腐蚀等级的判断结果一致性较好，但当腐蚀程度较低（<3a）时，CD 值对腐蚀程度的辨别不够灵敏。这是因为当铜导线腐蚀程度较重时，Cu_2S 的沉积量多且更容易形成团聚，对铜导线表面粗糙度的影响较大，因此对太赫兹波能量的散射和吸收效果也比较明显。而当铜导线腐蚀程度较低时，腐蚀产物 Cu_2S 的沉积量较少，对铜导线表面粗糙度的

影响较小，受太赫兹波长范围（0.03~3 mm）限制，Cu_2S 沉积对波能量的散射和吸收效果减小，使腐蚀区域与未腐蚀区域的反射波幅值差异不大，对腐蚀产物的分辨能力下降。

表 4.7 不同腐蚀程度铜导线的 CD 值计算

	1	2	3	4	5
实物图					
ASTM D130/TP 154 腐蚀程度	2b	2c	3a	3b	4a
CD 值	2.9	2.7	2.0	3.6	5.0

由本节研究可知，基于太赫兹光谱反射波幅值对绕组腐蚀程度进行评估的方法可以得到量化测试结果，且不会因为检测者的不同而产生差异。需要说明的是，本节所述腐蚀分级和评估方法只是一种探索性的尝试，尚有很多细节待完善，且仅在实验室条件下进行测试分析，尚未在生产现场进行验证。不过，现已有商业化的阵列式太赫兹便携检测装置，给油浸式设备绕组纸包铜导线腐蚀的现场检测提供了可能[31]。

4.5 变压器层压纸板质量无损检测

油纸绝缘作为电力变压器的主要绝缘材料，其状态与设备的运行风险紧密相关。绝缘缺陷处的场强集中是造成局部放电从而引发故障的主要原因。绝缘纸板中存在的空气隙，金属、炭黑等异物的混入是油纸绝缘中常见的缺陷类型。油纸绝缘在生产过程中，由于刷胶不均匀、粘接溶剂挥发不彻底等因素，容易脱胶而成为空腔，周围绝缘油难以浸入，空腔处将形成典型的空气隙缺陷；在绝缘件生产时，例如异形件的湿法成型过程中，模具上的微小金属也可能混入绝缘件中形成杂质；另外，局部放电时产生的微小碳化颗粒或局部碳化痕迹通道，以及受潮导致的局部水分聚集等因素均可能造成油纸绝缘中局部场强的集中，为设备安全运行埋下隐患。

变压器绝缘材料供应商通常采用 X 射线法，在纸板或成型件出厂前对是否混入金属微粒进行抽检。而对于已经装配完毕的电力变压器，要对其内部绝缘部件可能存在的缺陷类型、位置及形状大小进行检测是较为困难的。目前，可采用工业 CT 扫描仪器，实现绝缘纸板中缺陷的三维成像，但操作复杂、成本高，且可能存在 X 射线泄漏。另外，采用扫描电子显微镜也可以分析纸板样品的表面形貌和物质成分，但观察区域小且无法对绝缘纸板内部缺陷进行检测[32]。

太赫兹无损检测是一种应用太赫兹波的传播特性，对待测对象进行检测、分析及评估的技术。目前太赫兹无损检测技术常用于材料的异物、脱粘分层、表面损伤等检测。文献[33]采用透射式 THz 技术，以频域折射率谱和吸收谱为特征，对 5 mm 厚玻璃纤维样品进行无损成像，研究了分层、夹杂金属和热损伤缺陷。文献[34]和文献[35]利用反射式 THz 技术，通过时域幅值与相位的关系，研究了建筑材料和复合材料的脱胶分层缺陷成像技术，实现了 0.5 mm 厚脱胶缺陷的样品成像。

太赫兹脉冲波对大部分非极性或弱极性绝缘电介质材料的透过性强，能够携带材料的大量光谱信息，具备较高应用价值[36]。但利用该技术检测高压绝缘材料缺陷的研究还处于起步阶段。文献[36]和文献[37]对硅橡胶和交联聚乙烯中的气隙缺陷检测进行了研究，以太赫兹时、频域的幅值和相位为特征，成功检测出绝缘内部 1 mm 的气隙缺陷。重庆大学在前期也证实了太赫兹脉冲波对油纸绝缘中水分含量有较为灵敏的响应[38]。然而，目前尚未见利用太赫兹脉冲波对油纸绝缘中气隙、金属及炭黑等异物缺陷的检测研究。

4.5.1 太赫兹脉冲波在介质中的传播特性

太赫兹脉冲波在介质中传播时，会由于色散和吸收特性等造成信号能量衰减，引起信号幅值和波形的变化。如图 4.39 所示，根据文献[21]的物理模型，$E_0(\omega)$ 为入射太赫兹脉冲波，在空气中传播距离 L 后，得到的参考信号 $E_{\text{ref}}(\omega)$ 可表达为

$$E_{\text{ref}}(\omega) = E_0(\omega) \cdot p_a(\omega, L) \tag{4.71}$$

式中：ω 为太赫兹波频率；$p_a(\omega, L)$ 为太赫兹波在空气介质中的传播因数，其表达式为

$$p_a(\omega, L) = e^{\frac{-j\tilde{n}_a(\omega)\omega L}{c}} \tag{4.72}$$

式中：$\tilde{n}_a(\omega)$ 为空气复折射率；c 为光速。

根据菲涅耳公式[23]，太赫兹脉冲波从介质 1 进入介质 2 时，在其分界面将发生折、反射，其折射系数 t_{12} 和反射系数 r_{21} 分别表示为

$$t_{12}(\omega) = \frac{2\tilde{n}_1(\omega)}{\tilde{n}_1(\omega) + \tilde{n}_2(\omega)} \tag{4.73}$$

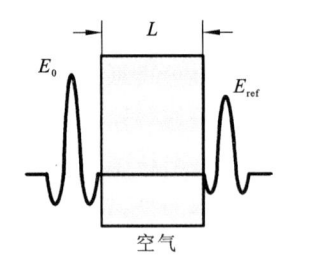

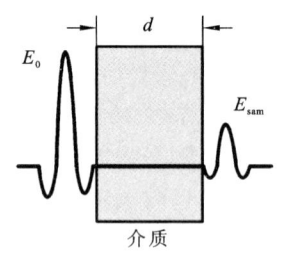

图 4.39 太赫兹脉冲波穿透空气和介质示意图

$$r_{21}(\omega) = \frac{\tilde{n}_2(\omega) - \tilde{n}_1(\omega)}{\tilde{n}_1(\omega) + \tilde{n}_2(\omega)} \tag{4.74}$$

式中：$\tilde{n}_1(\omega)$ 和 $\tilde{n}_2(\omega)$ 分别为介质1、介质2的复折射率，可表达为

$$\tilde{n}(\omega) = n(\omega) - j\kappa(\omega) \tag{4.75}$$

式中：$n(\omega)$ 为实折射率，表征介质的色散特性；$\kappa(\omega)$ 为消光特性，表征介质的吸收特性。

如图 4.39 所示，当太赫兹脉冲波 $E_0(\omega)$ 从空气中垂直入射于一厚度为 d 的介质1时，在介质对面可检测到的透射信号 E_{sam} 表达式为

$$E_{sam} = E_0(\omega) \cdot t_{a1}(\omega) \cdot p_1(\omega, d) \cdot t_{1a}(\omega) \tag{4.76}$$

式中：$p_1(\omega, d)$ 为介质1中的传播因数；d 为介质厚度；$t_{a1}(\omega)$ 和 $t_{1a}(\omega)$ 分别为太赫兹脉冲波由空气入射介质1，以及从介质1进入空气的折射系数。

因此，以空气介质为参考信号时，可以得到太赫兹脉冲波透过介质的传递函数表达式为

$$\begin{aligned} H(\omega) &= \frac{E_{sam}}{E_{ref}} \\ &= \frac{4\tilde{n}_a(\omega)\tilde{n}_1(\omega)}{[\tilde{n}_a(\omega) + \tilde{n}_1(\omega)]^2} \cdot e^{\frac{-j\omega}{c}[d\tilde{n}_1(\omega) - L\tilde{n}_a(\omega)]} \\ &= \rho(\omega) \cdot e^{-j\phi(\omega)} \end{aligned} \tag{4.77}$$

式中：$\rho(\omega)$ 为和 $\phi(\omega)$ 分别为样品信号和参考信号的振幅比和相位差。

一般情况下，太赫兹脉冲波在绝缘介质中表现为弱吸收特性，即 $\kappa_1(\omega) \ll n_1(\omega)$，$\tilde{n}_1(\omega) \approx n_1(\omega)$，而空气折射率 $\tilde{n}_a(\omega) \approx 1$，当 $d = L$ 时，式（4.77）可简化为

$$\rho(\omega) = \frac{4n_1(\omega)}{[n_1(\omega) + 1]^2} \cdot e^{\frac{-\kappa_1(\omega)\omega d}{c}} \tag{4.78}$$

$$\phi(\omega) = \frac{[n_1(\omega) - 1]\omega d}{c} \tag{4.79}$$

由式（4.78）和式（4.79）可知，太赫兹脉冲波从空气进入介质1传播后，信

号的幅值和相位变化除受到介质的折射率影响以外，还与频率ω及传播距离d相关。

4.5.2 太赫兹脉冲波在绝缘纸板中的反射特性

太赫兹脉冲波在油纸绝缘中传播时，碰到空气隙及异物等缺陷时，将会发生折、反射，从而改变其传播的幅值和相位特性。特别地，在碰到金属异物缺陷时将发生全反射。因此，本节考虑采用反射式太赫兹脉冲波检测方法对此类缺陷进行检测。采用一金属板作为样品底部衬板，利用太赫兹脉冲波在衬板上发生的全反射特性以提高检测灵敏度。

如图4.40所示，以纸板脱胶产生的空气隙缺陷为例，分析基于太赫兹脉冲波的传播特性和基于反射信号的缺陷检测原理。其中，类比于前文对太赫兹脉冲波在介质内部传播特性，界面反射波的传播距离为介质厚度的2倍。

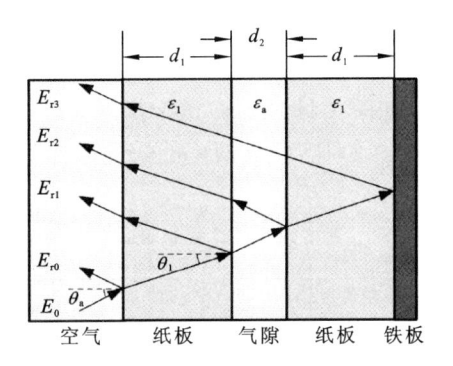

图4.40 纸板界面脱胶THz脉冲反射波

设定入射波为E_0，纸板表面反射波为E_{r0}，气隙上表面反射波为E_{r1}，气隙下表面反射波为E_{r2}，铁板表面反射波为E_{r3}。根据式（4.73）、式（4.74）、式（4.76）可知，纸板表面反射波E_{r0}的计算式如下：

$$E_{r0} = E_0 \cdot r_{1a} \tag{4.80}$$

同理，气隙上、下表面反射波E_{r1}和E_{r2}分别表示为

$$E_{r1} = E_0 p_1(\omega, 2d_1) \cdot t_{a1} r_{1a} t_{1a} \tag{4.81}$$

$$E_{r2} = E_0 p_1(\omega, 2d_1) p_a(\omega, 2d_2) \cdot t_{a1} t_{1a} r_{a1} t_{1a} \tag{4.82}$$

式中：t_{a1}为空气到纸板的透射系数；t_{1a}为纸板到空气的透射系数；r_{a1}为空气到纸板的反射系数；r_{1a}为纸板到空气的反射系数。

由式（4.80）~式（4.82）可得

$$\frac{E_{r1}}{E_{r0}} = \frac{p_1(\omega, 2d_1) \cdot r_{a1} \cdot t_{1a} \cdot t_{a1}}{r_{1a}} < 0 \tag{4.83}$$

$$\frac{E_{r2}}{E_{r1}} = \frac{p_a(\omega, 2d_2) \cdot r_{1a} \cdot t_{a1} \cdot t_{1a}}{r_{a1}} < 0 \quad (4.84)$$

可见，E_{r0} 与 E_{r1}、E_{r2} 极性相反，检测到的缺陷样品反射时域波形示意图如图 4.40 所示。同时，由文献[39]和折射定律可知，图 4.40 中气隙厚度计算公式为

$$d_2 = \frac{c\Delta t}{2\sqrt{n_1^2 - n_a^2 \sin^2\theta_1}} \quad (4.85)$$

$$\frac{n_a}{n_1} = \frac{\sin\theta_a}{\sin\theta_1} \quad (4.86)$$

式中：Δt 为气隙前后界面反射波的时延差，即 t_3-t_2；θ_a 为发射探头 THz 脉冲波入射角度；θ_1 为纸板内 THz 脉冲波入射角度；n_1 为纸板折射率。

已知空气折射率 $n_a \approx 1$，由式（4.85）和式（4.86），可以计算得到纸板内部气隙厚度公式为

$$d_2 = c\Delta t / 2\sqrt{n_1^2 - n_1^2 \cdot \sin^2\theta_a} \quad (4.87)$$

因此，根据各脉冲波形峰值出现的极性和大小，可以获得缺陷在样品中存在的位置并分析相关信息，如图 4.41 所示。进一步，通过控制太赫兹波入射位置，对样品表面进行逐点扫描，还可实现对缺陷的快速成像。

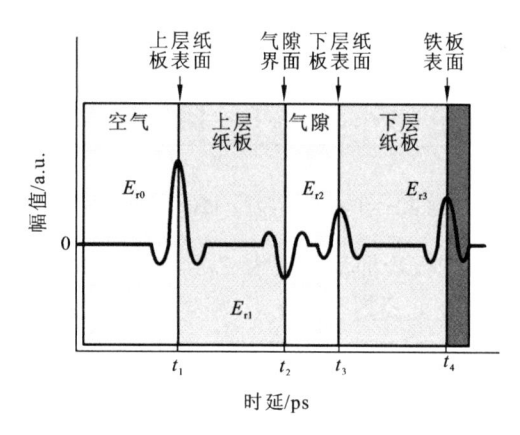

图 4.41　THz 脉冲反射波形与纸板界面脱胶缺陷对应关系

同样地，金属异物和局部碳化痕迹缺陷的太赫兹反射波检测理论类似，不再赘述。

4.5.3　油纸绝缘缺陷模型样品制备

本节主要通过油纸绝缘脱胶气隙、金属异物和局部碳化痕迹 3 类缺陷研究太

赫兹检测方法。在实验室中人工制备 3 种缺陷的模拟样品，如图 4.42 所示。试验中采用的绝缘纸板来自魏德曼，绝缘油选用克拉玛依 25# 矿物油。

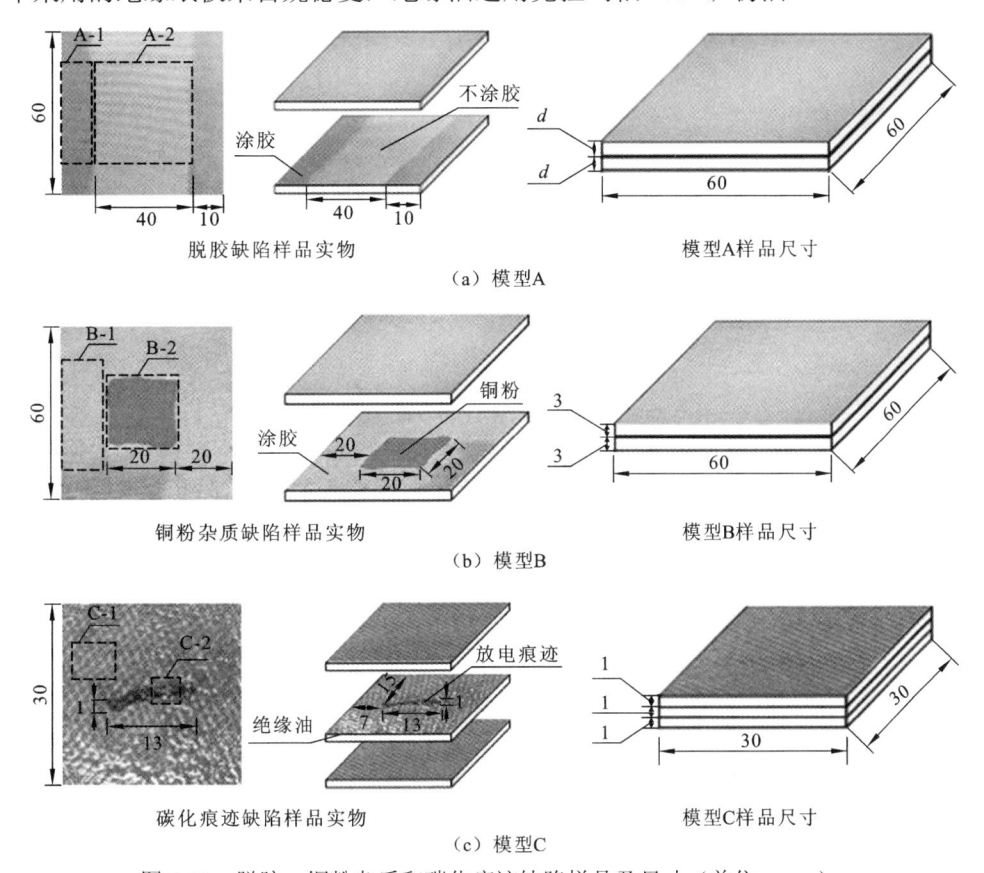

图 4.42 脱胶、铜粉杂质和碳化痕迹缺陷样品及尺寸（单位：mm）

（1）模型 A：绝缘纸板脱胶缺陷。变压器绝缘纸板脱胶造成的气隙缺陷厚度从数十微米到亚毫米范围不等。本章研究中采用面积为 60 mm×60 mm 的绝缘纸板，在表面两侧宽度为 10 mm 区域内分别涂以适量 PVA 胶，如 A-1 区域。将另一张同样厚度和大小的绝缘纸板覆盖于涂胶纸板之上，两张纸板之间即形成一面积为 40 mm×60 mm 的脱胶缺陷，如 A-2 区域。为了研究缺陷处于绝缘不同深度时对太赫兹脉冲反射波的影响，单层纸板的厚度（d）选择 3 mm、4 mm、5 mm 3 种尺寸。

（2）模型 B：金属杂质缺陷。选用两张大小为 60 mm×60 mm，厚度为 3 mm 的绝缘纸板，在其各自表面均匀涂上 PVA 胶，如 B-1 区域；再将 0.1 g 粒径为 40 μm 的铜粉均匀撒在其中一块纸板表面的 20 mm×20 mm 范围内，如 B-2 区域，随后将两张纸板粘接在一起，以模拟绝缘纸中的金属杂质。

（3）模型 C：油纸绝缘放电碳化痕迹缺陷。采用一厚度为 1 mm 的油浸绝缘纸板，油浸区域如 C-1 所示，在针板电极下进行局部放电试验，直至其发生击穿。样品击穿处及附近表面可以看到明显的碳化痕迹，如 C-2 区域。围绕该碳痕区域切割面积 30 mm×30 mm 的大小，并在其上下表面各自叠加一层同样大小和厚度的新绝缘纸板，以模拟油纸绝缘中由于放电形成的碳化痕迹缺陷。

在测试前，制备好的缺陷样品均在 90 ℃/50 Pa 下真空干燥 48 h，以排除水分对测试结果的影响。测试时在样品底部放入一块金属铁板作为衬垫，进行太赫兹脉冲反射光谱测试，测试环境温度为 15 ℃，湿度为 45%。

4.5.4 油纸绝缘缺陷太赫兹脉冲反射波特征

1. 脱胶缺陷

将太赫兹测量探头角度设置为 12°，即太赫兹波入射角度 $\theta_a=12°$，再分别聚焦于模型 A 中的涂胶区域和不涂胶区域进行测试。图 4.43 给出了单侧纸板厚度分别为 3 mm、4 mm、5 mm 样品的涂胶区域和不涂胶区域（模拟脱胶）的测试波形图。根据对图 4.40 和图 4.41 的分析可知，脱胶缺陷样品在上层纸板表面、气隙界面和下层纸板表面处各产生一脉冲反射波，相邻脉冲波波峰之间时延差为太赫

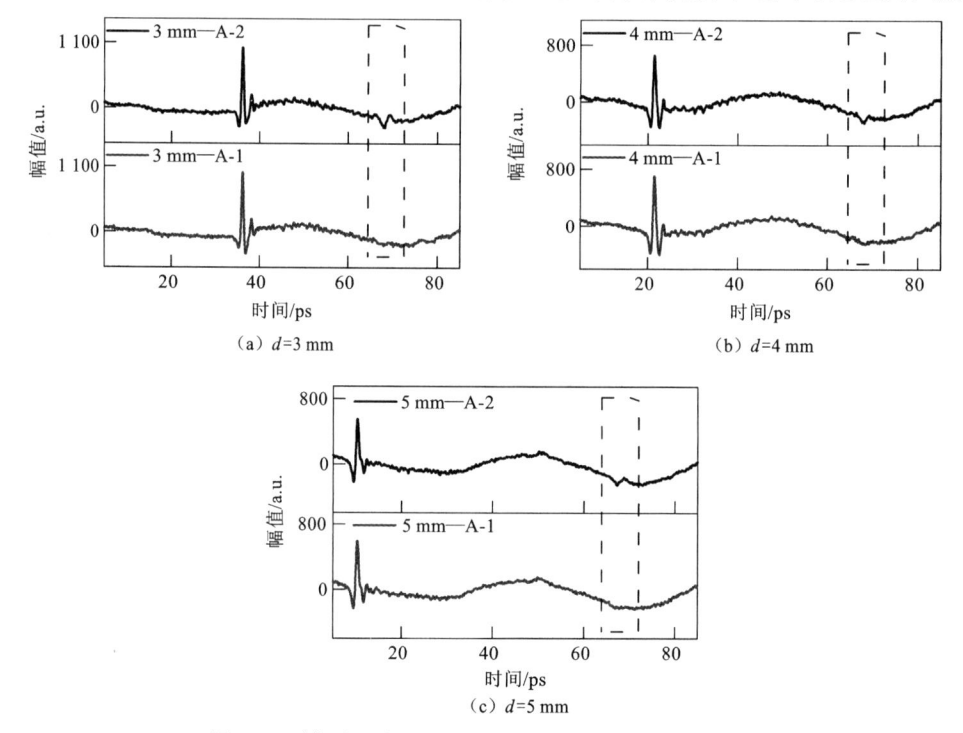

(a) d=3 mm

(b) d=4 mm

(c) d=5 mm

图 4.43 模型 A 中不涂胶和涂胶区域太赫兹时域波形

兹波在介质内部传播时间。由于空气折射率（$n_a \approx 1$）小于绝缘纸板，根据式（4.83）及式（4.84），上层纸板表面和下层纸板表面脉冲反射波为正峰，气隙缺陷界面的反射峰为负峰。

图4.43给出了实测的太赫兹反射时域信号，可以看出3种纸板厚度的模型都显示出同样的规律。涂胶区域测得的波形仅显示出一处明显的反射波，由入射波在上层纸板表面发生反射而形成，而脱胶区域则测得两处反射波：第一处同样来自入射信号在上层纸板表面发生的反射，与涂胶区域测得的反射信号在时延和幅值上高度吻合；第二处反射信号发生于数十皮秒后，由极性相反的两个反射波组成，分别来自脱胶处气隙界面的上下表面的反射信号。

对比不同纸板厚度的缺陷样品可以看出，无论是涂胶或脱胶区域，其反射波信号出现的时延和幅值均随纸板厚度的增加而减小。这是由于实验中测量探头和样品台的位置固定，样品台上层纸板表面与探头之间光程差的减少，造成了反射波时延的缩短和幅值的降低，同时，纸板厚度的增加将延长太赫兹波在纸板内部的传播时间，从而增加信号的衰减，也导致了幅值降低。

另外，根据脱胶区域的第二处反射信号，还可以进一步获得气隙缺陷的尺寸信息，下面以$d=3$ mm的缺陷样品为例进行分析。如图4.44所示，第二处反射信号由气隙缺陷上下界面产生的两个极性相反的反射波组成，其波峰时延差为1 ps，即为太赫兹波在纸板脱胶气隙介质中的传播时间，利用式（4.87）计算可得，3 mm纸板脱胶气隙厚度为85 μm。

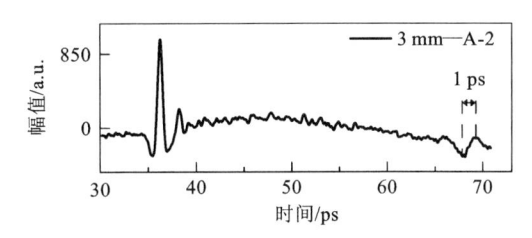

图4.44 3 mm纸板脱胶和涂胶处检测信号

2. 金属杂质缺陷

太赫兹测量探头角度保持不变，并分别聚焦于模型B中的涂胶区域和铜粉区域进行测试。图4.45给出了样品涂胶区域和铜粉区域（模拟金属杂质）测试波形图。根据前文理论分析，在上下两层纸板表面、铜粉界面和铁板处各产生一脉冲反射波。涂胶和铜粉位置检测波形的第一处反射信号均为上层纸板表面反射峰，而其余脉冲波形则显示不同规律。

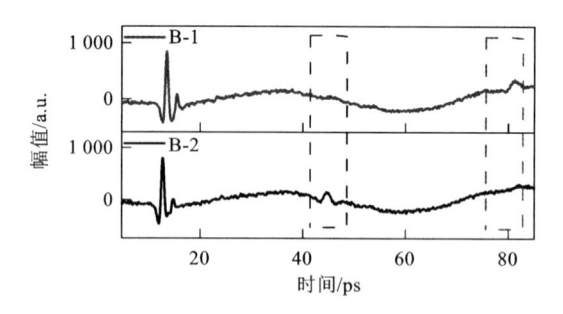

图 4.45　模型 B 中铜粉和涂胶区域太赫兹时域波形

涂胶区域测得的其余波形仅包括一处明显的反射波，发生在约 80 ps 处，由铁板处太赫兹脉冲波发生反射而形成；而铜粉区域在 40 ps 处显示一正峰反射波，由太赫兹波在铜粉处发生的全反射造成。

3. 局部碳化痕迹缺陷

保持测量探头角度不变，再分别聚焦于模型 C 中的浸油区域和碳化痕迹区域进行测试。同样地，太赫兹反射波在上中下三层纸板表面、碳化痕迹界面和铁板处依次各产生一脉冲反射波，如图 4.46 所示。

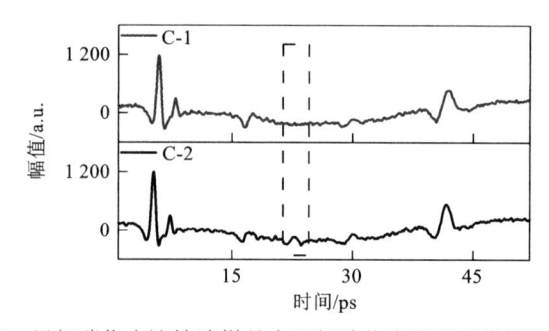

图 4.46　局部碳化痕迹缺陷样品中局部碳化痕迹和正常情况波形图

其中，上中下三层纸板表面和铁板处均产生一明显反射波。不同的是，如图 4.46 黑色虚线方框区域，局部碳化痕迹位置处有一脉冲反射波，这是由于纸板碳化后折射率与原始纸板不同，太赫兹脉冲波在碳化痕迹处发生反射，产生一脉冲反射波。

4.5.5　油纸绝缘缺陷太赫兹时域波形成像方法

为了更加直观地反映油纸绝缘缺陷的大小、形状等信息，可进一步根据时域波形信号实现缺陷的成像。如图 4.47 所示，被测样品的长度和宽度构成 X 轴和 Y

轴，采用测试系统的 XY 扫描平台对其进行逐点扫描，在每一点将测得一太赫兹反射时域波形，即该点对应的 T 轴数据。其中，T 轴的数据包含时延和幅值两类信息，表示太赫兹波在样品中传播时，不同时延下对应波形幅值，如图 4.47 左侧波形所示。样品逐点扫描后得到时域波形，取同一时延，并按照其对应波形幅值进行绘图，色度取值为幅值大小，可得到该样品在该时延下的剖面图。由式（4.87），当确定界面脉冲反射波的时延 Δt 时，可得样品在 Δt 时刻的太赫兹脉冲反射波时域成像剖面图，该剖面图即反映了样品内不同深度的太赫兹成像信息。

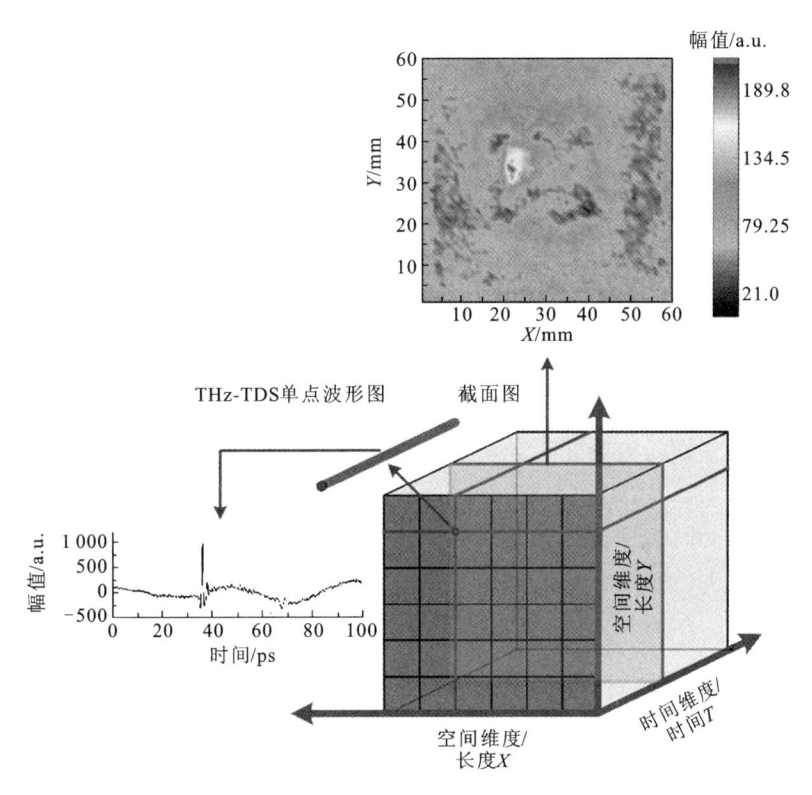

图 4.47 太赫兹脉冲反射波成像数据图

4.5.6 油纸绝缘缺陷的时域成像

1. 脱胶缺陷成像

根据 4.5.4 小节对脱、涂胶位置波形的分析，其气隙界面脉冲反射波的幅值大小存在差异，考虑利用其幅值最小值进行成像分析。上位机软件设置相关参数后，使用XY扫描平台对纸板样品进行逐点扫描检测,步进精度为1 mm,得到如图4.48所示的3 mm纸板样品时域成像图。通过对比分析,其成像效果明显,左右两侧10 mm为刷胶位置,由于样品涂胶压制时存在浸润现象,在大于10 mm处有少许涂胶区域;中间为脱胶缺陷区域,其信号强度较大,但脱胶波形为负峰,图像呈现为绿色。结果表明,利用幅值成像可以很好地检测出样品的脱胶缺陷,检测脱胶气隙精度为85 μm。

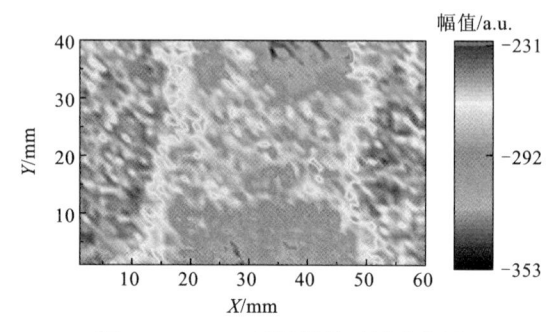

图4.48 3 mm纸板样品时域成像图

2. 金属杂质缺陷成像

太赫兹波在铜粉处会发生全反射,其脉冲反射波为正峰,对样品进行逐点扫描后,利用图4.45中黑色虚线方框区域内脉冲反射波形幅值最大值进行成像,得到金属杂质样品时域图像,如图4.49所示。成像结果符合4.5.4节对涂胶和铜粉缺陷波形特征的分析结论,并很好地显示了绝缘纸板内部的铜粉杂质。

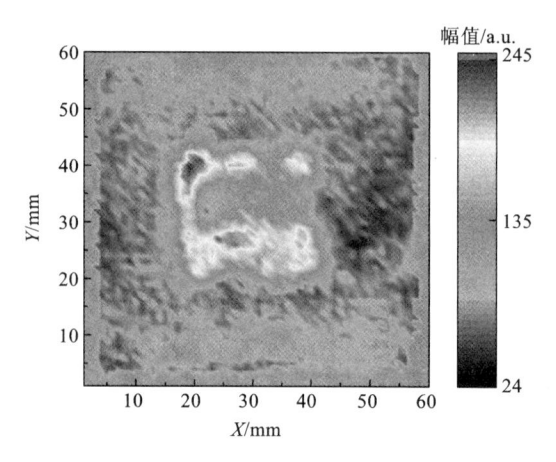

图4.49 铜粉杂质样品时域成像图

3. 局部碳化痕迹缺陷成像

根据前节分析的局部碳化痕迹与正常未击穿位置波形的不同，对样品进行逐点扫描后，利用图 4.46 中黑色虚线方框区域内脉冲反射波幅值最大值成像，得到图 4.50 所示的局部碳化痕迹样品时域图像。成像结果表明，时域图像可以很好地反映绝缘纸板内部局部碳化痕迹缺陷信息。

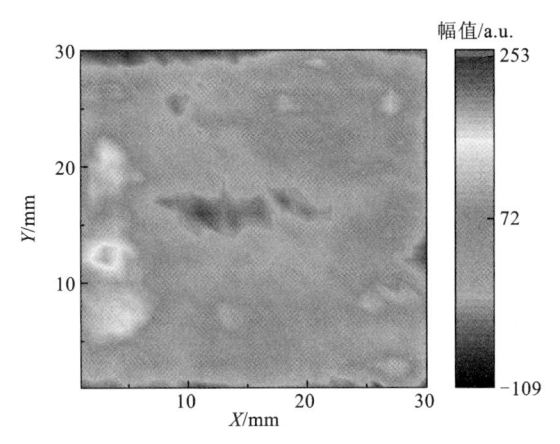

图 4.50 局部碳化痕迹样品时域成像图

参 考 文 献

[1] 中华人民共和国国家质量监督检验检疫总局, 中国国家标准化管理委员会. 绝缘配合 第 1 部分: 定义、原则和规则: GB/T 311.1—2012[S]. 北京: 中国标准出版社, 2013.

[2] 王梦云. 2002—2003 年国家电网公司系统变压器类设备事故统计与分析[J]. 电力设备, 2004, 5(10): 20-26.

[3] McShane C P. Natural and synthetic ester dielectric fluids: Their relative environmental, fire safety, and electrical performance[C]// 1999 IEEE Industrial and Commercial Power Systems Technical Conference, Sparks, NV, USA. 1999: 1-8.

[4] McShane C P. Relative properties of the new combustion resistant vegetable oil based dielectric coolants[J]. IEEE Transactions on Industry Applications 2002, 37(4): 1132-1139.

[5] 李晓峰. 一种新型高燃点绝缘液体-R-TEMP 油[J]. 变压器, 1995, 32(2): 39-40.

[6] 贺以燕, 郭振岩, 赵良云. 不燃油与难燃油及其变压器的发展[J]. 变压器, 2000, 37(8): 4-7.

[7] 侯盈, 鱼振民, 彭国平. 浅谈 Beta Fluid 高燃点油浸变压器[J]. 变压器, 2003, 40(8): 16-19.

[8] Boss P, Oommen T V. New insulating fluids for transformers based on biodegradable high oleic

vegetable oil and ester fluid[C]// IEE Colloquium Insulating Liquids, Leatherhead, UK. IEE, 1999: 7.

[9] Oommen T V, Claiborne C C, Walsh E J. Introduction of a new fully biodegradable dielectric fluid[C]// 1998 IEEE Annual Textile, Fiber and Film Industry Technical Conference, Charlotte, USA. IEEE, 1998: 3/1-3/4.

[10] Claiborne C C, Walsh E J, Oommen T V. An agriculturally based biodegradable dielectric fluid[C]// 1999 IEEE Transmission and Distribution Conference, New Orleans, USA. IEEE, 1999, 2: 876-881.

[11] 库弗尔 E, 阿卜杜勒 M. 高电压工程[M]. 缪始森, 等译. 北京: 水利电力出版社, 1984.

[12] 周泽存. 高电压技术[M]. 北京: 水利电力出版社, 1988.

[13] 孟中岩, 姚熹. 电介质理论基础[M]. 北京: 国防工业出版社, 1980.

[14] 王兵. 液电效应及其应用[J]. 科技创新导报, 2009, 6(22): 52-53.

[15] 唐峰. 变压器油酸值测定方法的误差分析[J]. 广东输电与变电技术, 2004: 6(4): 42-45.

[16] 于敏潮, 肖福明, 胡秉海, 等. 变压器油中颗粒度对变压器绝缘强度的影响[J]. 变压器, 2000, 37(12): 26-30.

[17] 覃敏. 油中颗粒对变压器绝缘强度的危害分析与控制措施[J]. 机电信息, 2017(15): 114-115.

[18] Taday P F, Bradley I V, Arnone D D. Terahertz pulse spectroscopy of biological materials: L-glutamic acid[J]. Journal of Biological Physics, 2003, 29(2/3): 109-115.

[19] 周志成, 张中浩, 刘建军, 等. 太赫兹波技术在电网设备绝缘材料检测中的应用[J]. 高压电器, 2019, 55(10): 216-223.

[20] 张量, 张中浩, 刘建军, 等. 太赫兹波在绝缘材料测厚中的应用[J]. 高压电器, 2020, 56(5): 175-181.

[21] Duvillaret L, Garet F, Coutaz J L. A reliable method for extraction of material parameters in Terahertz time-domain spectroscopy[J]. IEEE Journal of Selected Topics in Quantum Electronics, 1996, 2(3): 739-746.

[22] Duvillaret L, Garet F, Coutaz J L. Highly precise determination of optical constants and sample thickness in terahertz time-domain spectroscopy[J]. Applied Optics, 1999, 38(2): 409-415.

[23] Dorney T D, Baraniuk R G, Mittleman D M. Material parameter estimation with terahertz time-domain spectroscopy[J]. Journal of the Optical Society of America A Optics Image Science & Vision, 2001, 18(7): 1562-1571.

[24] Pupeza I, Wilk R, Koch M. Highly accurate optical material parameter determination with THz time-domain spectroscopy[J]. Optics Express, 2007, 15(7): 4335-4350.

[25] Fischer B M, Abbott D, Withayachumnankul W. Material thickness optimization for transmission-mode terahertz time-domain spectroscopy[J]. Optics Express, 2008, 16(10): 7382-7396.

[26] Zaytsev K I, Gavdush A A, Lebedev S P, et al. Novel algorithm for sample material parameter determination using THz time-domain spectrometer signal processing[J]. Journal of Physics: Conference Series, 2014, 486: 012018.

[27] Debye P, Falkenhagen H. Dispersion der Leitfähigkeit starker Elektrolyte[J]. Zeitschrift Für Elektrochemie und Angewandte Physikalische Chemie, 1928, 34(9): 562-565.

[28] Vinh N Q, Sherwin M S, James A S, et al. High-precision gigahertz-to-terahertz spectroscopy of aqueous salt solutions as a probe of the femtosecond-to-picosecond dynamics of liquid water[J]. The Journal of Chemical Physics, 2015, 142(16): 164502.

[29] Sun T, Jiang Z, Strzalka J, et al. Three-dimensional coherent X-ray surface scattering imaging near total external reflection[J]. Nature Photonics, 2012, 6(9): 586-590.

[30] 李瀚宇, 董志伟, 周海京, 等. 太赫兹电磁波大气吸收衰减逐线积分计算[J]. 强激光与粒子束, 2013, 25(6): 1445-1449.

[31] 袁英豪, 周正. Mini-T 系列便携式实时太赫兹光谱仪的设计与应用[J]. 太赫兹科学与电子信息学报, 2017, 15(6): 909-915.

[32] Schurch R, Rowland S M, Bradley R S, et al. Imaging and analysis techniques for electrical trees using X-ray computed tomography[J]. IEEE Transactions on Dielectrics and Electrical Insulation, 2014, 21(1): 53-63.

[33] 郭小弟, 王强, 谷小红, 等. 玻璃纤维复合材料缺陷的太赫兹光谱检测实验分析[J]. 红外技术, 2015, 37(9): 764-768.

[34] 李文军, 王天一, 周宇, 等. 多层胶接结构胶层空气缺陷的太赫兹无损检测[J]. 光学学报, 2017, 37(1): 138-145.

[35] 刘陵玉, 常天英, 杨传法. 太赫兹时域光谱技术检测复合材料与金属的脱粘缺陷[J]. 红外技术, 2018, 40(1): 79-84.

[36] 张中浩, 梅红伟, 刘建军, 等. 基于太赫兹波的复合绝缘子界面检测研究[J]. 中国电机工程学报, 2020, 40(3): 989-999.

[37] 谢声益, 杨帆, 黄鑫, 等. 基于太赫兹时域光谱技术的交联聚乙烯电缆绝缘层气隙检测分析[J]. 电工技术学报, 2020, 35(12): 2698-2707.

[38] 尹晶, 成立, 王汉卿, 等. 含微水油浸绝缘纸板太赫兹频段极化特性与微水含量快速检测方法研究[J]. 电工技术学报, 2020, 35(13): 2940-2949.

[39] 林玉华, 何明霞, 赖慧彬, 等. 太赫兹脉冲光谱法测量微米级多层油漆涂层厚度技术[J]. 光谱学与光谱分析, 2017, 37(11): 3332-3337.

第5章 基于太赫兹的材料成分分析和溯源方法

5.1 基于太赫兹的外绝缘材料老化特性表征

随着电网电压等级逐渐提高，越来越多新的、性能更优异的绝缘材料被投入使用。硅橡胶、环氧树脂等有机材料轻便、来源广泛且绝缘性能出色，因此被用于超特高压绝缘子等外绝缘设备。但由于材料质量、结构设计缺陷等原因，绝缘材料内部或材料间隙内经常会出现气隙，这些高场强的气隙将诱发局部放电甚至击穿，使电力设备出现故障。此外，对于外绝缘用有机绝缘材料，其在运行过程中同时承受高温、机械应力、电应力及水分的作用，不可避免地出现老化，而绝缘材料的老化是导致电力设备长期运行绝缘性能下降的根本原因。因此为提高电力装备的安全性能，保障电网的安全，对外绝缘材料内部结构性缺陷及老化状态的检测识别一直是相关领域研究的热点问题。但由于电力装备绝缘材料内部的结构性缺陷——通常尺寸小（微米至毫米），检测难度很大。老化状态测试虽然有很多有损的测试方法，但无损的在线测试方法仍较少见诸报道。近年来，有学者开始尝试利用太赫兹光谱法对绝缘材料进行检测，经大量学者研究发现，太赫兹光谱法可以对材料的老化程度进行无损检测，具有非常重大的工程价值与推广前景。

5.1.1 检测原理

采用透射式 THz-TDS 系统对不同含水量的外绝缘用硅橡胶样品进行测试。所采用的硅橡胶样品经过不同时间的称重法获取其含水量。利用透射模式下的太赫兹时域系统的参数提取方法，对不同含水量的硅橡胶样品进行分析。

首先，对实验过程的初始条件进行假设。太赫兹时域光谱系统的响应函数不会被时间变化所影响，同时硅橡胶样品的结构始终保持均匀，且理想电磁界面始终为硅橡胶模型界面。在菲涅耳公式中，第一个界面当中的振幅变化的主要因素是透射系数和反射系数，所对应的数值关系如式（5.1）～式（5.4）所示。

$$r_{12\mathrm{p}} = \frac{\tilde{n}_2 \cos\varphi_1 - \tilde{n}_1 \cos\varphi_2}{\tilde{n}_2 \cos\varphi_1 + \tilde{n}_1 \cos\varphi_2} \tag{5.1}$$

$$t_{12\mathrm{p}} = \frac{2\tilde{n}_1 \cos\varphi_1}{\tilde{n}_2 \cos\varphi_1 + \tilde{n}_1 \cos\varphi_2} \tag{5.2}$$

$$r_{12\mathrm{s}} = \frac{\tilde{n}_1 \cos\varphi_1 - \tilde{n}_2 \cos\varphi_2}{\tilde{n}_1 \cos\varphi_1 + \tilde{n}_2 \cos\varphi_2} \tag{5.3}$$

$$t_{12\mathrm{s}} = \frac{2\tilde{n}_1 \cos\varphi_1}{\tilde{n}_2 \cos\varphi_1 + \tilde{n}_1 \cos\varphi_2} \tag{5.4}$$

式中：φ_1 为入射角；φ_2 为出射角；$r_{12\mathrm{p}}$ 为太赫兹波在 1、2 介质界面处平行于入射面的反射系数分量；$t_{12\mathrm{p}}$ 为太赫兹波在 1、2 介质界面处平行于入射面的透射系数分量；$r_{12\mathrm{s}}$ 为太赫兹波在 1、2 介质界面处垂直于入射面的反射系数分量；$t_{12\mathrm{s}}$ 为太赫兹波在 1、2 介质界面处垂直于入射面的透射系数分量。因此，在第二界面上的关系数值可以由式（5.5）～式（5.8）表示。

$$r_{23\mathrm{p}} = \frac{\tilde{n}_3 \cos\varphi_2 - \tilde{n}_2 \cos\varphi_3}{\tilde{n}_3 \cos\varphi_2 + \tilde{n}_2 \cos\varphi_3} \tag{5.5}$$

$$t_{23\mathrm{p}} = \frac{2\tilde{n}_2 \cos\varphi_2}{\tilde{n}_3 \cos\varphi_2 + \tilde{n}_2 \cos\varphi_3} \tag{5.6}$$

$$r_{23\mathrm{s}} = \frac{\tilde{n}_2 \cos\varphi_2 - \tilde{n}_3 \cos\varphi_3}{\tilde{n}_2 \cos\varphi_2 + \tilde{n}_3 \cos\varphi_3} \tag{5.7}$$

$$t_{23\mathrm{s}} = \frac{2\tilde{n}_2 \cos\varphi_2}{\tilde{n}_2 \cos\varphi_2 + \tilde{n}_3 \cos\varphi_3} \tag{5.8}$$

由斯涅尔定律可以得出 φ_1、φ_2、φ_3 的关系，如式（5.9）所示。

$$\tilde{n}_1 \sin\varphi_1 = \tilde{n}_2 \sin\varphi_2 = \tilde{n}_3 \sin\varphi_3 \tag{5.9}$$

式中：$\tilde{n}_1$、$\tilde{n}_2$、$\tilde{n}_3$ 为复折射率。一般而言，φ_2 和 φ_3 并不是实数，不能单纯认为其为角度，只有当 $k_2 = k_3 = 0$ 时，φ_2 和 φ_3 才表示为折射角。由于太赫兹波在介质当中传播时，会发生色散和损耗等现象，因此，吸收系数、反射系数、复折射率及消光系数实际上均为关于频率的函数。若在介质当中太赫兹波已经传播的距离为 L，此时改变了相位和幅值，从而得出的传播太赫兹波相位差 $\sigma(\omega, L)$ 如式（5.10）所示。

$$\sigma(\omega, L) = \frac{2\pi}{\lambda} \tilde{n}(\omega) L = \tilde{n}(\omega) L \omega / c \tag{5.10}$$

太赫兹波的传播因子 $p(\omega, L)$ 如式（5.11）所示。

$$p(\omega, L) = \mathrm{e}^{\mathrm{i}\tilde{n} L \omega / c} \tag{5.11}$$

式中：c 为在真空当中太赫兹电磁波的传播速度。针对实验测量过程来说，太赫兹波信号多呈现为时域光谱，通过数字变换可将其转换为频域光谱，以此来确定相关的幅值和相位信息等，从而对太赫兹波单色平面波的具体情况进行分析。

图 5.1 中，$E_{\text{THz}}(\omega)$ 表示入射场，$E_{c0}(\omega)$ 表示电磁波穿过硅橡胶样品后的透射场，$E_{r0}(\omega)$ 和 $E_{r1}(\omega)$ 分别为从样品第一界面和第二界面反射回来的反射场，φ_r 表示入射角，φ_b 表示电磁波在硅橡胶中传播的角度，φ_c 表示从硅橡胶穿出界面后传播的角度。

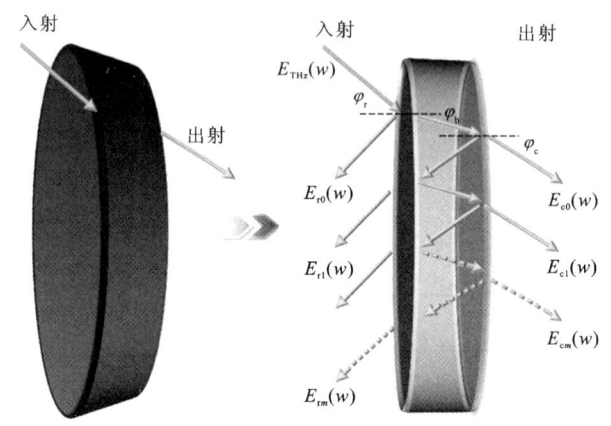

图 5.1 THz 波在硅橡胶样品中传播示意图

通过试验测得的时域脉冲经过傅里叶变换可以得到其频域的幅值和相位信息，从而获取其太赫兹入射脉冲特征。若忽略样品中的多次反射，则透射和反射信号在模型中由下式给出。

$$E_{c0}(\omega) = E_{\text{THz}}(\omega) t_0 t_1 e^{-\alpha d/2} e^{in\omega d/c} \tag{5.12}$$

$$E_{r0}(\omega) = E_{\text{THz}}(\omega) r_{0-1} \tag{5.13}$$

$$E_{r1}(\omega) = E_{\text{THz}}(\omega) t_{0-1} r_{1-0} t_{1-0} e^{i\frac{2\tilde{n}\omega d}{\cos\varphi_b c}} \tag{5.14}$$

式中，t_{0-1} 和 r_{0-1} 分别为从介质 0 到介质 1 的透射系数和反射系数；t_{1-0} 和 r_{1-0} 分别为从介质 1 到介质 0 的透射系数和反射系数。

透射式或反射式测量均可用于提取硅橡胶样品的复折射率。

$$\tilde{n}(\omega) = n(\omega) + i\kappa(\omega) \tag{5.15}$$

式中：$\kappa(\omega)$ 为消光系数，也称作衰减系数。消光系数 $\kappa(\omega)$ 与吸收系数 $\alpha(\omega)$ 的关系如式（5.16）所示。

$$\kappa(\omega) = c \times \frac{\alpha(\omega)}{2\omega} \tag{5.16}$$

太赫兹吸收光谱的机理源于势场束缚下的载流子（例如原子中的电子或处于势垒中的电子）受到激发，当电磁波的振荡频率与共振频率接近时（即 $\delta\omega = |\omega_0 - \omega| \ll \omega_0$），物质的复折射率可以近似地表示为

$$n(\omega) = n_\infty \frac{\omega_p^2 \delta\omega / 4\omega_0}{(\delta\omega)^2 + (\gamma/2)^2} \tag{5.17}$$

$$k(\omega) = n_\infty \frac{\omega_p^2 \gamma / 8\omega_0}{(\delta\omega)^2 + (\gamma/2)^2} \tag{5.18}$$

式中：$\gamma=1/\tau$ 为物质中载流子相位相干性的衰减系数；$\omega_p = \sqrt{Ne^2/m \times \varepsilon_\infty \varepsilon_0}$ 为物质的等离子振荡频率，其中 N 为自由载流子密度，m 为载流子的有效质量，e 为电子电荷。

图 5.2 表示物质在 $\omega \approx \omega_0$ 时的复折射率，从图中可以看出消光系数会在 ω_0 处出现一个吸收峰。太赫兹吸收光谱可以通过分析光谱图中出现的吸收峰的位置来确定物质的能量共振结构。这些共振结构与分子或晶格的振动有关，因此可以提供关于分子或材料的光学信息，通过对比光谱信息确定样品中所含物质的类型。此外，太赫兹吸收光谱还可以通过特征峰的高度来确定物质的含量。特征峰是指在光谱图中出现的强吸收峰，其高度与物质的浓度存在对应关系。因此，通过测量样品中特征峰的高度，可以计算出物质的浓度或含量，从而揭示物质响应和电磁波频率之间的密切关系。

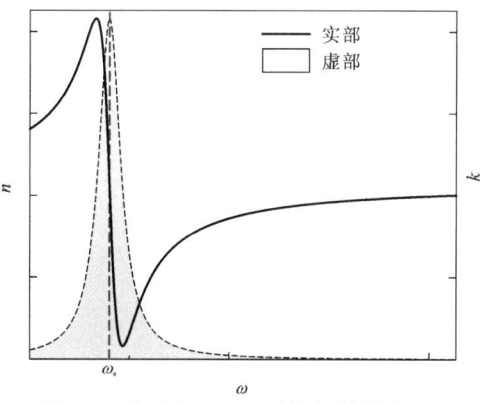

图 5.2 物质在 $\omega \approx \omega_0$ 时的复折射率

5.1.2 检测方法

太赫兹时域光谱平台如图 5.3 所示。该平台适用于复合绝缘子样品的老化检测，能够有效地获取样品的时域和频域信息。

使用飞秒激光器在分束器的作用下产生两束互相垂直的飞秒脉冲激光，分别为产生样品信号的泵浦光和作为参考信号的探测光。样品信号的产生过程为：泵浦光激发 THz 发射器产生 THz 脉冲，如图 5.3 所示，THz 脉冲透射过硅橡胶伞裙而产生样品信号。参考信号由检测光入射到 THz 探测器产生。在检测光成为参考信号的同时，样品信号也入射到 THz 探测器。两个信号通过计算机的数据分析处理而获得硅橡胶伞裙的时频域信息。

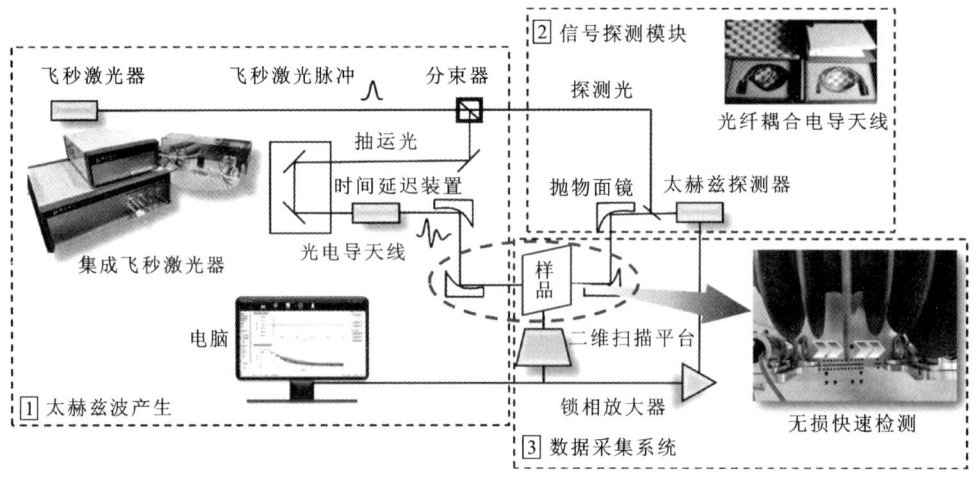

图 5.3 太赫兹时域光谱平台

5.1.3 数据处理

对系统进行测试,可以得到空白样品的太赫兹时、频域光谱,如图 5.4 所示。从图中可以看出,该型号的飞秒激光器具有高达 5.5 THz 的有效频谱范围,非常符合本次检测的要求,保证了数据的精度和可靠性。

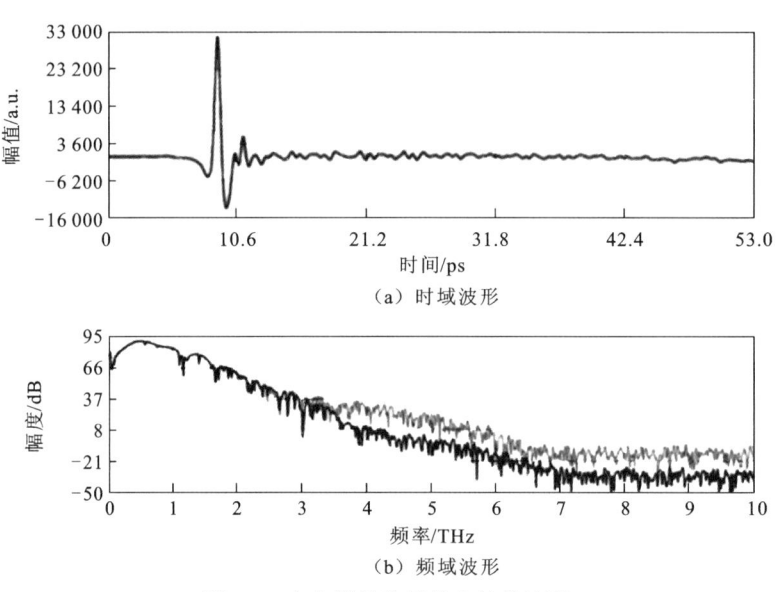

(a) 时域波形

(b) 频域波形

图 5.4 空白样品信号的太赫兹波形

5.1.4 基于太赫兹吸收光谱的硅橡胶无损评价表征

1. 材料

本节中选用的样品为新制的复合绝缘子用高温硫化硅橡胶，所用的生胶为聚二甲基硅氧烷（polydimethylsiloxane，PDMS），主要填料为氢氧化铝和白炭黑，委托生产工厂采用同一配方制作样品。需要指出的是，与该试样配方工艺相似的硅橡胶复合绝缘子在重污秽地区已有近 20 年的成功运行经验。

为了验证现场的有效性，定制两种样品，如图 5.5 所示：（a）为新制复合绝缘子短样，大伞裙的尺寸为直径 500 mm、厚度 3 mm，小伞裙的尺寸为直径 250 mm、厚度 1 mm；（b）为新制硅橡胶胶片，尺寸为直径 100 mm、厚度 1 mm。实验前用无水乙醇将试样表面清洗干净，并在 90 ℃的干燥箱中干燥 15 天，并保证样品在实验前处于完全干燥状态。

（a）新制绝缘子短样　　　　（b）饼状样品（新制硅橡胶胶片）

图 5.5　样品图

2. 实验方法

现有研究表明，无论是电晕老化还是机械老化，可近似等效为不同速率的热氧老化，绝缘子的寿命是由硅橡胶的热氧老化程度决定的。因此本节将针对硅橡胶热氧老化进行表征。

如图 5.6（a）所示，定制 4 支新制绝缘子短样，与饼状样品在同样的实验环境下进行人工加速热氧老化实验，并进行实验对比，以验证实验的等效性和现场的可应用性。

(a)新制绝缘子短样　　　　　　　　　(b)饼状样品

图 5.6　实验老化装置

为了开展硅橡胶的人工加速热氧老化实验,专门制作用于饼状样品实验的支架,如图 5.6(b)所示,使样品垂直放置,避免样品平放状态下两侧受热不均,同时增加一次实验的样品数量。参考《硫化橡胶或热塑性橡胶 热空气加速老化和耐热试验》(GB/T 3512—2014),采用恒温鼓风干燥箱进行硅橡胶烘箱加速热氧老化实验,老化温度210℃,老化时间80天,具体老化信息如表5.1所示。

表 5.1　样品老化信息表

样品类型	样品编号	老化时间/d	老化温度/℃
新制绝缘子短样	1#	0	0
	2#	5	210
	3#	10	210
	4#	20	210
饼状样品	1~5	0	0
	6~10	1	210
	11~15	2	210
	16~20	3	210
	21~25	4	210
	26~30	5	210
	31~35	6	210
	36~40	7	210
	41~45	10	210

续表

样品类型	样品编号	老化时间/d	老化温度/℃
饼状样品	46~50	20	210
	51~55	30	210
	56~60	40	210
	61~65	50	210
	66~70	60	210
	71~75	70	210
	76~80	80	210

3. 实验结果

如图 5.7 所示，由样品 1#~4# 与样品 1~4 的太赫兹时域光谱对比可见，其波形图非常相似，由于老化箱的容量有限，可用新制硅橡胶胶片代替新制绝缘子短样进行实验，提高实验的进行效率。

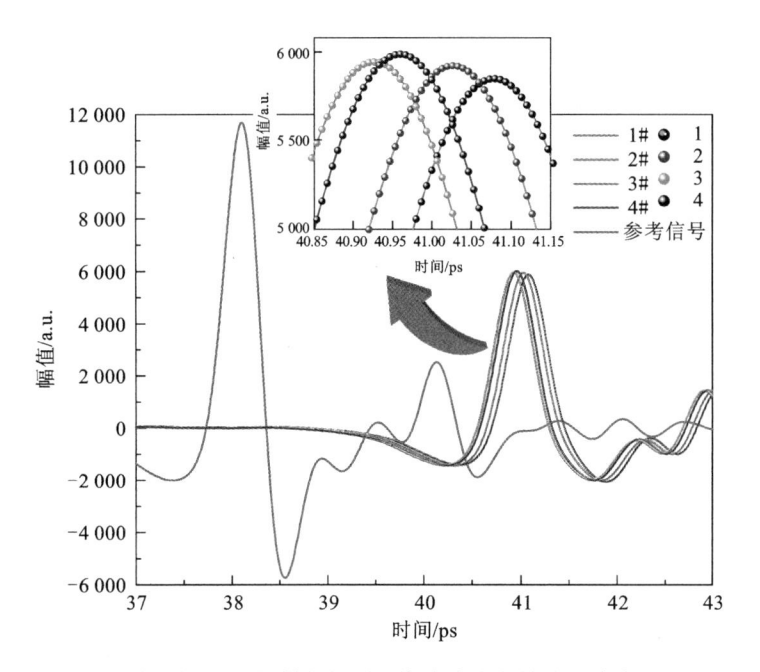

图 5.7 新制绝缘子短样与新制硅橡胶胶片太赫兹时域波形对比

分子的结构和形态发生变化会导致其极化特性发生变化,太赫兹光谱可以将极化特性表现出来。因此本节通过计算不同老化硅橡胶样品的太赫兹复介电谱分析其极性变化。

通过 MATLAB 对样本数据进行计算,绘制出样品在太赫兹频段复介电常数实部和虚部的曲线,如图 5.8 所示。

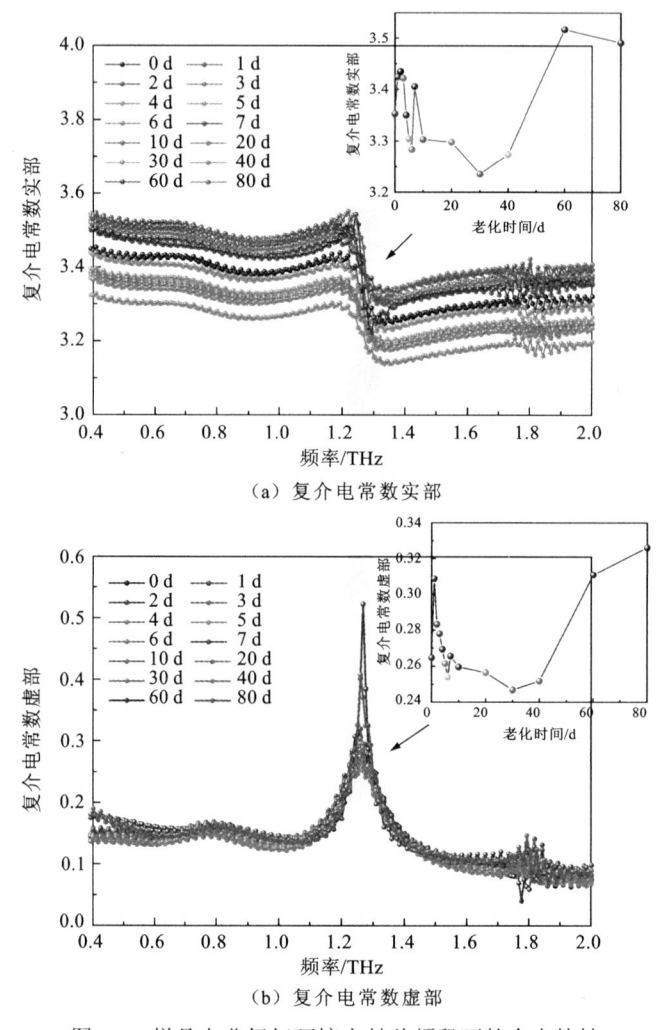

(a) 复介电常数实部

(b) 复介电常数虚部

图 5.8 样品在非氮氛环境太赫兹频段下的介电特性

如图 5.8 所示,复介电常数的实部随着频率增大呈下降趋势。在外加交流电场时,介质的极化方向将随着电场方向的周期变化而变化,频率过高时,将导致介质中的取向极化跟不上外加电场的周期变化,从而出现取向极化滞后,产生弛豫极化以及相应的介质损耗。

随着老化程度的增加，硅橡胶的复介电常数实部和虚部变化规律不明显，需要排除测试环境中是否有水分的干扰，在下文将进一步进行分析。

4. 水分影响

为了进一步验证介电谱对老化表征的适用性，本节对测试环境中是否有水分的干扰进行研究。在氮气环境下对不同老化的硅橡胶样品进行检测，结果如图 5.9 所示。

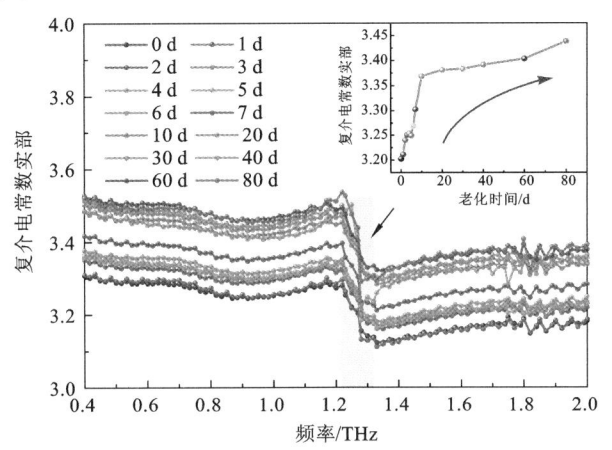

图 5.9 样品在氮气环境下复介电常数的实部结果

如图 5.9 所示，当在氮气环境下检测时，介电谱产生了明显的变化，随着老化的程度增加介电常数的实部增高，因此验证了环境中水分的干扰。但在实际运行环境中，难免出现水分的干扰，尤其在湿度比较高的地区，因此介电谱模型并不适用于现场的老化检测。因此本节将进一步对太赫兹测试的结果进行分析。

5. 太赫兹测试结果

在太赫兹频段，硅橡胶不存在强烈的吸收信号，这使得太赫兹技术可直接用于检测硅橡胶中的极性变化。本小节将通过吸收光谱对不同老化程度的硅橡胶样品做进一步分析。

通过计算样品吸收光谱，进一步分析样品老化程度对太赫兹吸收的影响。以未老化硅橡胶为参考信号，计算出各样品的吸收系数，吸收光谱如图 5.10 所示。

从图 5.10 中可以看出在 1.25 THZ、1.8 THz 附近存在吸收峰，且 1.25 THz 附近的吸收峰强度最高。

如图 5.11 所示，对比样品在 1.25 THZ、1.8 THz 附近处的吸收峰强度，可以发现：在 1.8 THz 附近，吸收光谱的分散程度较大；而在 1.25 THz 处存在最大的特征吸收峰，也与老化程度有良好的相关性。为了探究两个峰的来源，本节将进行进一步研究。

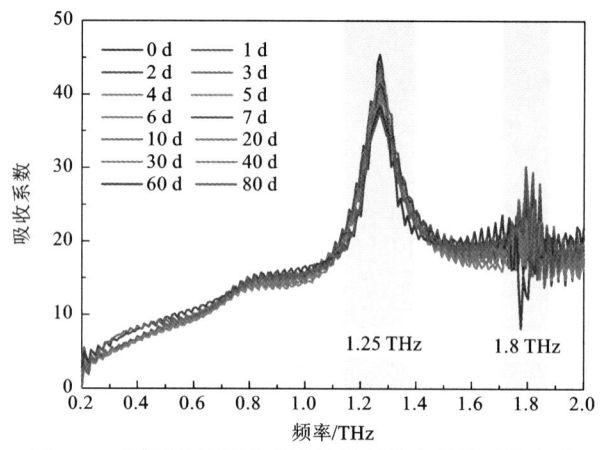

图 5.10 不同老化程度硅橡胶样品的太赫兹吸收光谱

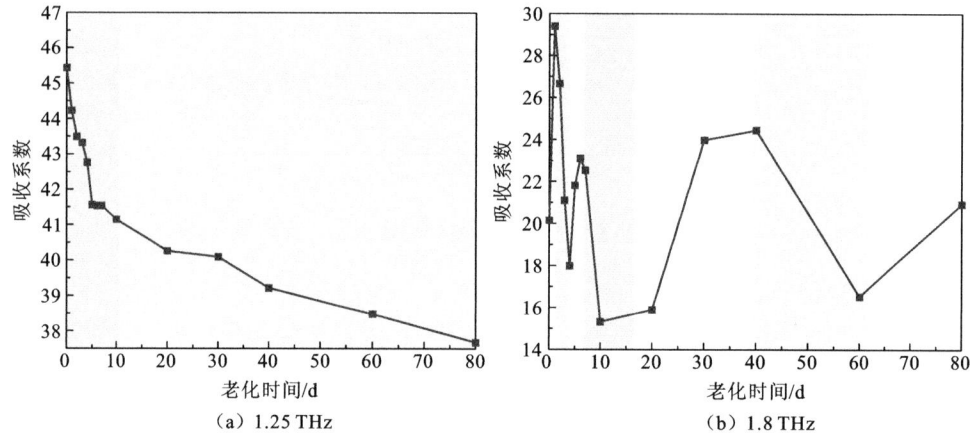

图 5.11 不同老化程度硅橡胶样品在 1.25 THZ、1.8 THz 下的太赫兹吸收光谱

6. 太赫兹吸收峰振动频率来源的理论模型

1）1.25 THz 附近吸收峰来源

为进一步验证太赫兹检测的正确性，探究老化的硅橡胶在太赫兹频段的吸收峰，并验证实验数据的有效性，利用 Gaussian 软件对老化的硅橡胶体系进行频谱振动分析，找到理论上老化后硅橡胶的特征吸收频率，提出太赫兹吸收峰的振动频率来源的理论模型。

本节基于硅橡胶老化过程结果，对老化前和老化后的高温硫化硅橡胶分子进行仿真，建立模型如图 5.12 所示。结构（b）为硅橡胶热氧老化后出现的氧化交联现象，结构（d）和结构（e）为热氧老化后出现的甲基断链现象。

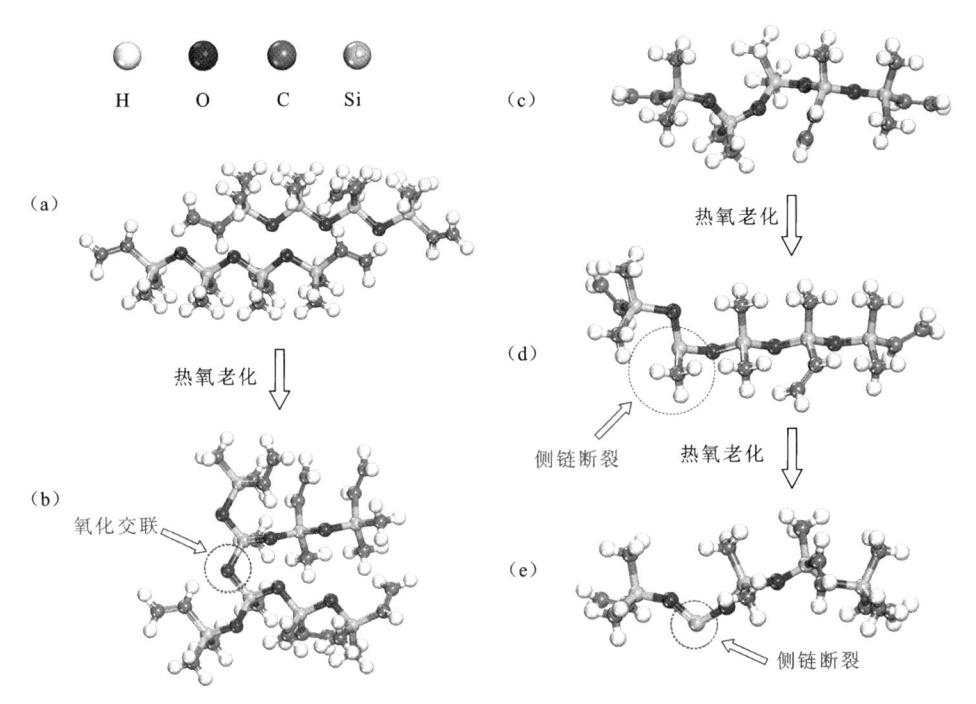

图 5.12 老化前和老化后的高温硫化硅橡胶分子

本节采用 DFT 方法进行计算和仿真，使用的方法主要来自广义梯度近似的 B3LYP 交换关联泛函，def2-SVP 被定为计算基组，并且为所有原子增加弥散与极化函数。混合体系在 0~1.8 THz 的振动光谱如图 5.13 所示。

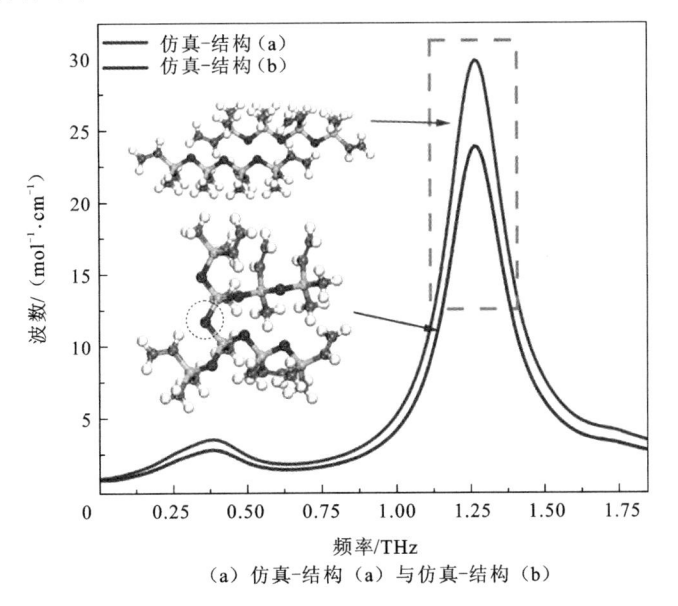

(a) 仿真-结构（a）与仿真-结构（b）

(b) 仿真-结构(c)～仿真-结构(e)

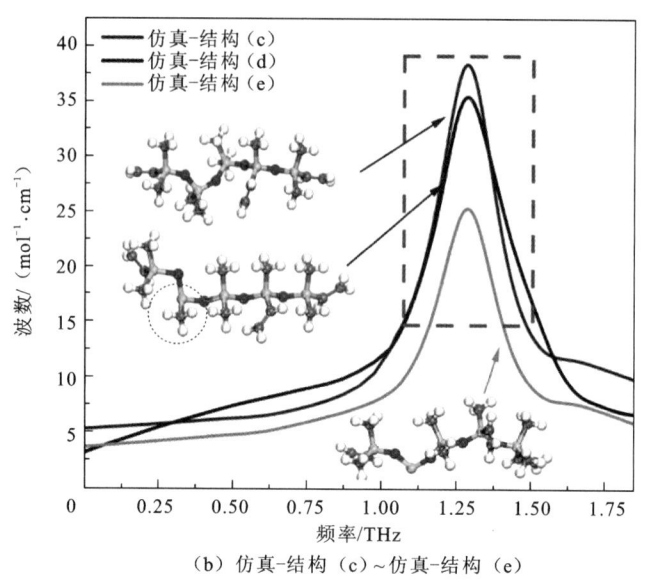

图 5.13　混合体系在 0～1.8 THz 的振动光谱

如图 5.13（a）所示，硅橡胶经过热氧老化出现了氧化交联的结构，在 1.25 THz 附近出现了明显的吸收峰。与未老化的结构相比，其幅值出现了明显的下降，且与傅里叶变换红外光谱仪（Fourier transform infrared spectrometer，FTIR）的 Si—O—Si 变化一致。

对比热氧老化前后甲基断裂，从图 5.13（b）可以看出，当断裂一个 CH_3 时，其结构出现了不对称性，因此其波形出现了明显变化，而断裂两个 CH_3 时波形相较对称，其波形与未老化之前更为相近。在老化后的硅橡胶体系振动仿真结果在 1.25 THz 附近出现了明显的吸收峰，其中 1.25 THz 附近吸收峰强度最高，与实验数据相符。老化前的硅橡胶振动幅值明显高于甲基断裂后的幅值，且随着甲基断裂数量的增加，其幅值越来越小，与实验结果相符。

2）1.8 THz 附近吸收峰来源

为了验证其 1.8 THz 来源，建立含水分子的硅橡胶模型，同样采用 DFT 方法进行计算和仿真，并与不含水分子的硅橡胶模型进行对比，结果如图 5.14 所示，与不含水分子的硅橡胶模型相同，太赫兹仿真结果在 1.25 THz 附近出现了吸收峰。但含水的硅橡胶混合体系在 1.8 THz 附近出现了新的吸收峰，因此判定 1.8 THz 附近出现的吸收峰为水分子所致。

在实验样品的太赫兹检测过程中，可能实验环境中有水分子的出现。因此，为了进一步验证环境中水的影响，以及现场工况应用的有效性，在 70%的相对湿度下对样品进行了检测，结果如图 5.15 所示。1.8 THz 左右的吸收峰明显上升，

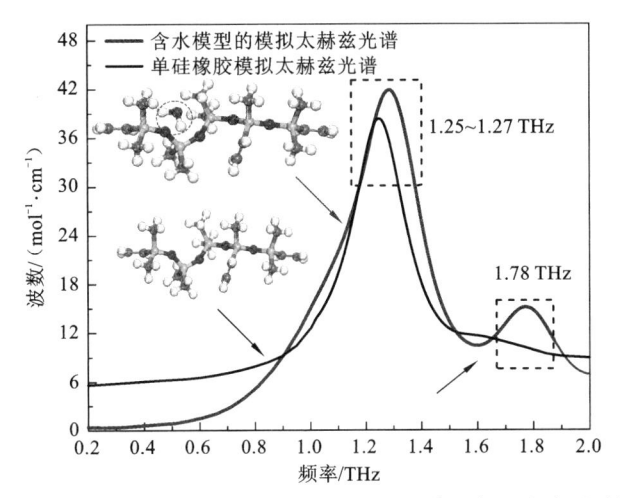

图 5.14 混合体系在 0.2~2 THz 的振动光谱—有无水分子对比

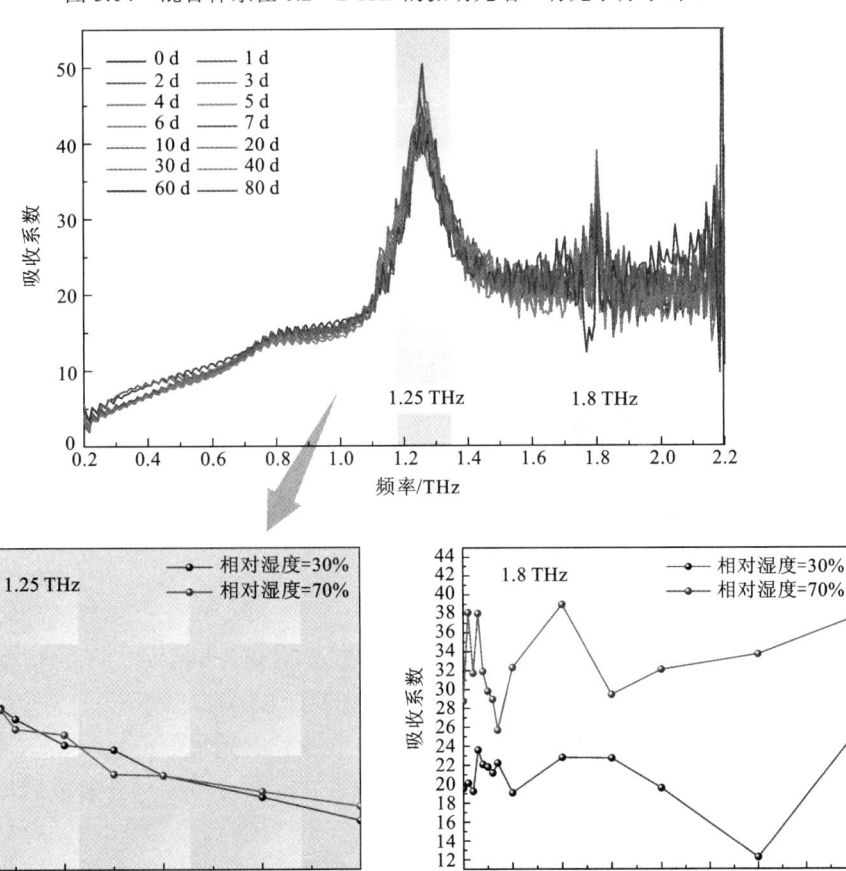

图 5.15 相对湿度 70%下的不同老化样品的吸收系数和对比相对湿度 30%的结果图

而 1.25 THz 附近的吸收峰变化不明显。因此，也进一步验证了本节提出的老化表征方法在现场工况的可应用性。

7. 硅橡胶无损评价表征

不同老化时间与 1.25 THz 附近的吸收峰峰值拟合结果如图 5.16 所示，拟合优度大于 99%，且随着老化程度的增大，其峰值不断变小。

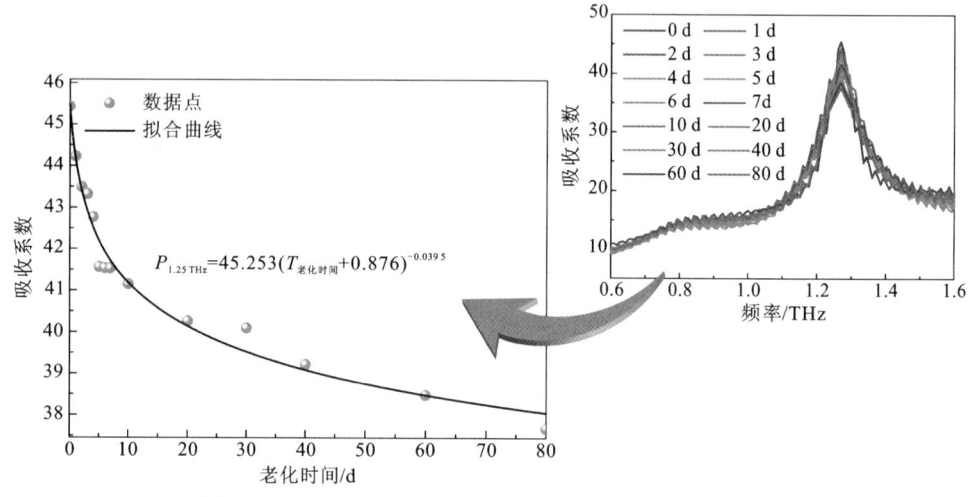

图 5.16 中拟合公式为 $P_{1.25\,\text{THz}}=45.253(T_{\text{老化时间}}+0.876)^{-0.0395}$

图 5.16　1.25 THz 附近的吸收峰与不同老化时间拟合图

由于 1.25 THz 附近的吸收峰实质反映硅橡胶中 Si-O-Si 氧化交联和 Si-CH$_3$ 脱离的变化规律，直接与老化机理相关，因此可以用其反映硅橡胶老化性能的变化。

如图 5.17（a）和（b）所示，红外光谱的 Si—O—Si 峰面积随着老化程度的增加而上升明显，而 Si—CH$_3$ 峰面积和 1.25 THz 的吸收峰峰值则随着老化程度的增加逐渐降低。以 1.25 THz 附近的吸收峰峰值为参考点，与红外光谱 Si—O—Si 和 Si—CH$_3$ 峰面积的拟合，分别如图 5.17（c）和（d）所示。不同老化程度的硅橡胶样品的红外光谱峰面积与 1.25 THz 的峰高拟合效果良好，拟合优度均大于 99%。因此，也进一步验证了基于 1.25 THz 的吸收峰峰值变化反演 Si—O—Si 和 Si—CH$_3$ 基团变化的有效性，从而实现了对硅橡胶的无损评价。

在实际工程应用中，通常综合运用多种手法，通过多元融合变量对材料进行评估。一般来说研究人员会补充一些 FTIR 等需要破坏样品的实验，对材料进行机理分析。本节提出的基于太赫兹技术的评价表征方法可以作为一种代替手段，在综合评估的时候替代 FTIR、X 射线光电子能谱法等具有破坏样品的实验方法。

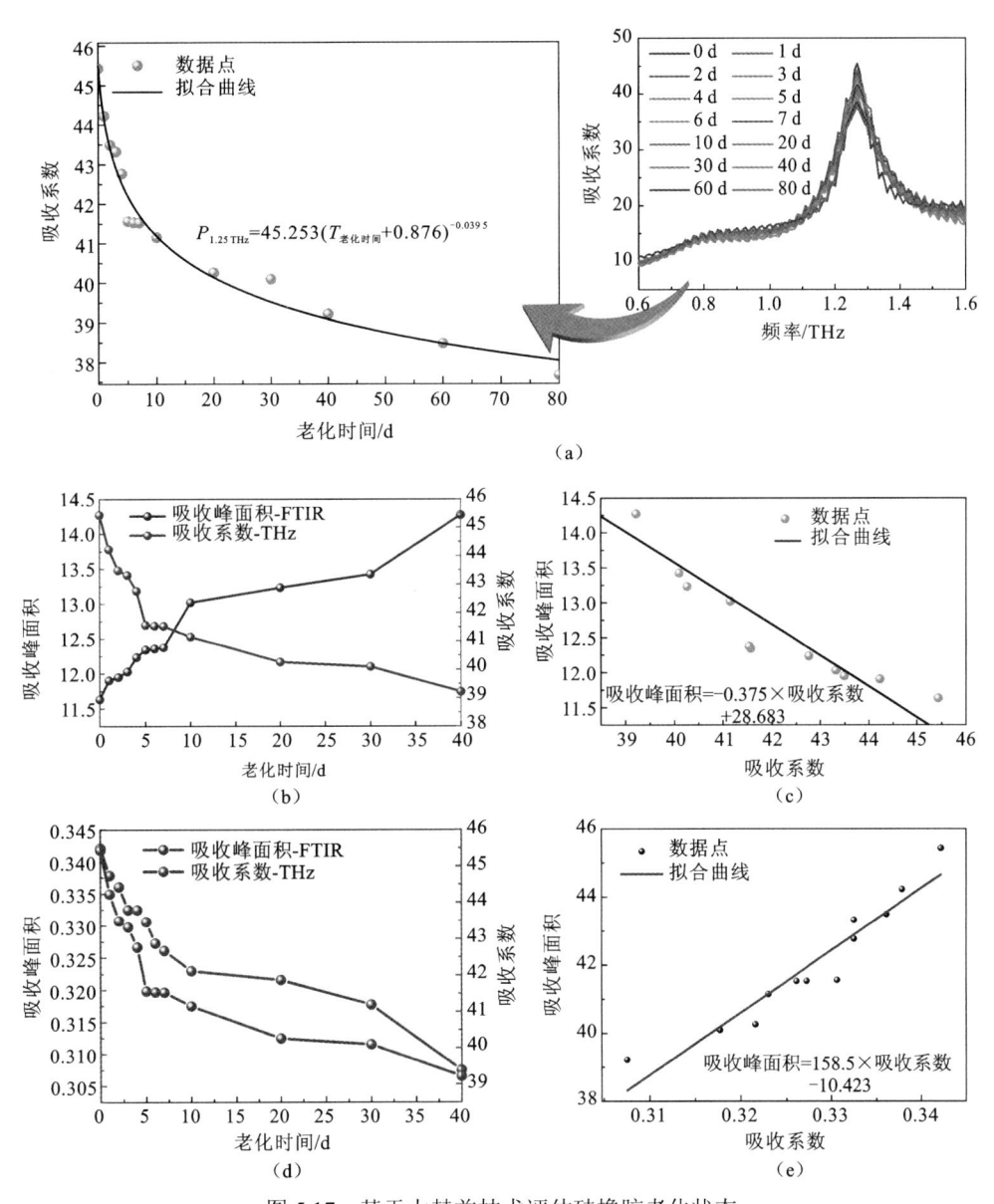

图 5.17 基于太赫兹技术评估硅橡胶老化状态

（a）为不同老化时间下 Si—O—Si 峰面积与 1.25 THz 吸收系数的变化曲线；（b）和（d）为不同老化时间下 Si—CH₃、Si—O—Si 峰面积与 1.25 THz 吸收系数的变化曲线；（c）和（e）为不同老化时间下 Si—CH₃、Si—O—Si 基团变化与 1.25 THz 附近吸收峰峰值变化曲线。（b）（c）吸收峰面积为 1 006 cm^{-1}；（d）（e）吸收峰面积为 1 258 cm^{-1}

5.2 基于太赫兹的内绝缘材料老化特性表征

内绝缘材料是电网的关键核心部件，常位于电力设备（例如变压器和电缆）的内部，用于包围导体或电路元件，阻止电流从导体外泄到外部环境或相邻导体。内绝缘材料通常由特殊的电绝缘材料制成，常见的内绝缘材料有绝缘油、绝缘纸、聚乙烯等。内绝缘材料的绝缘性能下降是造成设备故障和威胁电网安全的主要因素。例如在变压器中，热老化不但会引发油纸绝缘机械性能下降、抗短路能力降低，老化降解后的绝缘纤维脱落到绝缘油中还易引发匝间短路等电气故障。尤其随着超特高压工程的建设，电力装备面临更为苛刻的运行工况和更高的可靠性要求。加之运行 20 年以上的老旧设备数量增多，运行风险随之增加，及时准确获知这些设备的绝缘老化状态，制定合理的检修退役策略，对保障电网安全运行具有重要意义。

5.2.1 影响内绝缘材料老化的主要因素及检测手段

内绝缘材料的老化过程主要受温度、水分、酸、电场、机械力的影响[1-5]，其中温度是最主要的影响因素。

1. 温度

温度对绝缘材料的降解有着最直接的影响，热老化是绝缘性能退化的主要原因[6, 7]。温度是绝缘材料分解的主要因素，例如纤维素会在热老化作用下伴随着分子的解聚和脱水反应，分子链断裂，纤维素聚合度降低，同时生成碳氧气体、低分子烃类和有机酸等。绝缘材料热老化的速率随着温度的上升而迅速增加，老化速率取决于化学反应速度。大量研究表明温度是决定绝缘寿命的主要因素，随着温度的升高，化学反应速度增加，绝缘材料的老化过程加快。

2. 电场

在电场作用下，绝缘材料可能出现局部放电、击穿、电树枝等现象，对绝缘的机械性能影响较大。研究人员探究了局部放电对绝缘材料老化的影响，结果表明局部放电引起的局部过热会导致绝缘材料中形成空洞和裂缝等，从而加速热老化过程，降低纸绝缘承受电应力的能力[8]。普遍研究认为绝缘材料的平均使用寿命与电场强度存在相关性，为反幂函数或指数函数的形式。

局部放电首先发生在绝缘内部的微小缺陷中（气泡、空隙或气体），缺陷处容易引起电场应力的集中并在材料内部产生大量自由电子,这些电子不断撞击缺陷表面,导致材料的机械和电气性能降低。局部放电引发的电老化会破坏绝缘材料的结构完整性。例如当局部放电对绝缘纸的损伤超过临界值后,会破坏纤维素的C—H、C═C、C≡C化学键,造成纤维素的解环和断链。此外,局部放电会在绝缘油中形成气泡,从而增加绝缘系统内部的压力,导致原有气泡的扩大和新气泡的生成,进一步加速局部放电的发展,这一过程最终可能导致绝缘系统的破坏和失效[9, 10]。

3. 环境

内绝缘材料老化是一个复杂的过程,受到各种环境因素的影响,其中水分、氧气和酸性物质是导致绝缘降解的主要因素[11]。氧气会与绝缘材料发生反应,形成羧酸等酸性化合物,使绝缘材料内部呈弱酸性,同时原有及生成的水分也会参与并加速绝缘材料的水解反应,导致绝缘性能的不断下降甚至失效。

水分被视为除温度以外的变压器"头号杀手",研究表明,含水量与绝缘材料老化速率成正比。正常运行工况下,水分的存在会加速油纸绝缘材料的老化过程。在高温下水分会促进气泡的生成,同时降低绝缘材料承受电压的能力,进而引发放电,增加绝缘系统失效的风险。水分在绝缘内部分布的不均匀性会改变电场分布,从而导致局部过热点的出现,引起绝缘强度的下降。此外,在实际运行工况中氧气会提高绝缘材料的老化速率。同时,绝缘材料在热老化过程中产生酸性物质,主要为高分子质量酸和低分子质量酸。高分子质量酸对绝缘老化的影响并不显著,然而低分子质量酸会显著加剧绝缘材料的降解,主要有两方面的原因:一是低分子质量酸会离解出H^+以加剧绝缘材料的水解反应;二是绝缘材料中的低分子酸会增加水分的溶解度,导致绝缘材料含水量的增加,进一步加速绝缘材料的降解断链。

4. 机械力

电力设备在运行过程中可能出现机械应力(例如绕组的机械振动、雷击和短路故障等现象),同时伴随着瞬时电动力的产生,导致绝缘材料分子结构的破坏并形成内部缺陷,这种由外力导致的老化称为机械应力老化。机械应力会破坏绝缘纸、交联聚乙烯等高分子材料,使分子链断裂并发生降解,造成机械强度的破坏。

目前工程中采用的内绝缘材料的特征参量主要包括电气和理化参量两大类。电气参量通常包括绝缘材料的电气强度、工频介质损耗、体积电阻率等,来表征设备整体绝缘的劣化状态。理化参量通常选取内绝缘材料老化过程中理化性能的变化或生成的产物含量作为标志物,主要包括水分、酸值、聚合度等,是用于诊断绝缘性能的主要手段,但目前这些检测技术存在损伤绝缘或测试过程烦琐、时间成本高、不能分布式测量等问题,无法满足带电检测或无损检测需求,因此亟须发展新型无损检测技术。

5.2.2 太赫兹时域光谱技术在相关领域的研究

太赫兹波指频率在 0.1~10 THz、波长为 3~0.03 mm 的电磁波,位于远红外波和微波之间。太赫兹波光子的能量低,而有机分子的振动和转动跃迁、分子之间的相互作用,以及晶格振动等都位于该波段,这些不同类型的低能振动模式包含了丰富的物质的介电指纹信息。近年来,随着太赫兹光源和检测技术的发展,太赫兹技术逐渐成熟并为研究物质化学结构和物理性能提供了一种新的有效途径。

绝缘纸、绝缘油、环氧树脂、交联聚乙烯(XLPE)等是广泛应用于电力领域的内绝缘材料(图 5.18),由于太赫兹波的高透性,THz-TDS 在绝缘材料方面的应用多为内部缺陷无损检测和成像等方面。与绝缘材料的性能检测有关的研究报道较少,主要集中在两方面:①含水量测试与成像;②材料老化分析与状态评估。

(a)绝缘油　　　　　　　　(b)绝缘纸　　　　　　　　(c)电缆

图 5.18　高压设备中常用内绝缘材料

在含水量测试与成像方面:2019 年重庆大学 Wang 等[12]报道了不同含水量绝缘纸的低频介电特性,并建立了弛豫-谐振极化模型用于含水量的评估,提取特征参量实现水分分布成像,进一步借助分子模拟验证了水分会参与并影响纤维素分子内部氢键种类及结构;2021 年英国兰卡斯特大学的 Lin 等[13]使用商用 THz-TDS 装置对不同老化程度的环氧树脂材料进行测试,通过分析其折射率和吸收系数的变化实现了含水量的定量评估,然而空气中的湿度使得预测结果误差较大;2021 年印度理工学院 Sindhu 等[14]通过氮气吹扫改进了 THz-TDS 的测试平台,结果表明空气湿度的降低使得老化后环氧树脂材料的含水量的评估结果更精确;为确定水分的分布并预测材料的吸水特性，2021年Dong等[15]基于朗缪尔（Langmuir）定律建立了吸水率预测模型，并结合太赫兹技术确定模型参数，实验结果表明模型预测和实际的饱和吸水曲线之间的误差低于5%。

太赫兹波在0.2~3.0 THz的低频振动，能够反映分子间的相互作用力，例如氢键数量和强度、静电力、范德瓦耳斯力等信息，因此通过分析物质的吸收系数、折射率和介电常数等参量可以评估绝缘材料的性能和老化状态[16-18]。2019年韩国国立全南大学的Lee等[19]通过THz-TDS分析了热处理后绝缘纸光学性质的变化，发现样品在450℃以上时折射率迅速下降，接近糖苷键断裂的温度，见图5.19(a)；2020年西南大学的王亮[20]的研究表明老化后的绝缘纸在0.1~1.8 THz频段内的折射率下降，见图5.19（b）；2018年山东省科学院超宽带与太赫兹技术培育性重点实验室的张献生等[21]计算了热氧化老化后的硫化橡胶的介电损耗谱，结果表明橡胶高分子的分子链断裂、分子量降低和分子间作用力的减弱表现为太赫兹场中原子极化和取向极化的增强，通过观察样品在各频段的吸收特性可以监测橡胶的老化状态；2020年Chang等[22]分析了天然橡胶的热老化过程，结果显示30天后样品的消光系数显著增加，证明了THz-TDS适用于橡胶热老化状态的可行性；2021年北京交通大学的Yang等[23]和张学敏等[24]通过分子模拟研究硅橡胶相对介电常数与分子链长的关系，结果表明介电常数随平均分子链长的减小而增大，进一步通过对太赫兹信号入射到硅橡胶薄片的电磁模型进行仿真计算，结合太赫兹反射实验验证了硅橡胶老化程度与太赫兹输入损耗存在可靠的关联性；2020年西安交通大学于是乎等[25]对热老化后的XLPE电缆绝缘进行了太赫兹测试，结果表明XLPE分子在老化后发生断裂和氧化，分子链运动自由度增加，导致复介电常数实部增加，而老化后的XLPE分子结晶度降低、晶格振动强度减弱，介电常数虚部减小。

（a）不同温度热处理后　　　　（b）热老化不同时间后

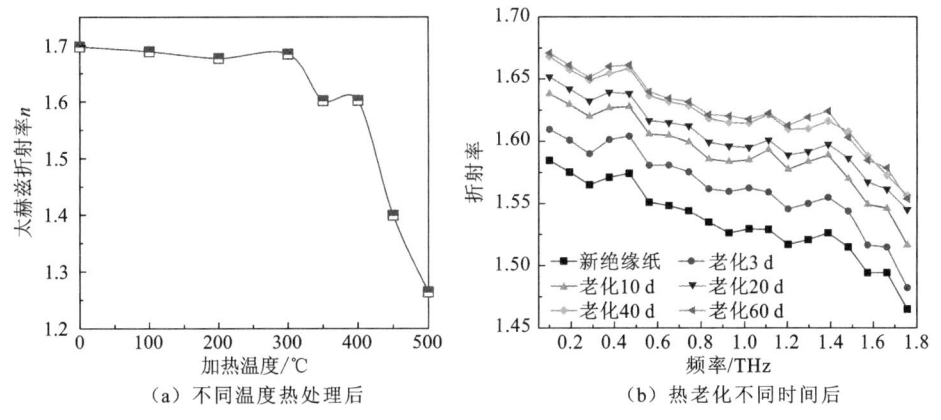

图5.19　不同温度热处理和热老化不同时间后绝缘纸的折射率变化

5.2.3 太赫兹技术评估内绝缘老化状态的方法

根据太赫兹技术对内绝缘材料老化过程中产生的极性物质和氢键变化的敏感性，一般采用先系统研究某种绝缘材料的频域老化特征量，例如太赫兹频域吸收系数的变化或太赫兹频域介电谱的变化，然后采用合适的数学模型进行特征提取，建立定量评估内绝缘材料劣化（老化）的特征曲线，从而达到基于太赫兹技术对未知绝缘材料劣化状态的无损评估。如图 5.20 所示，一般流程分为 5 步：①制作不同老化程度的内绝缘样品；②测试太赫兹频域光谱；③选择数学模型对频谱进行特征峰分离；④测试表征该种内绝缘材料老化状态的标准参量；⑤通过太赫兹特征峰（峰面积、峰高等）建立内绝缘老化状态评估曲线。

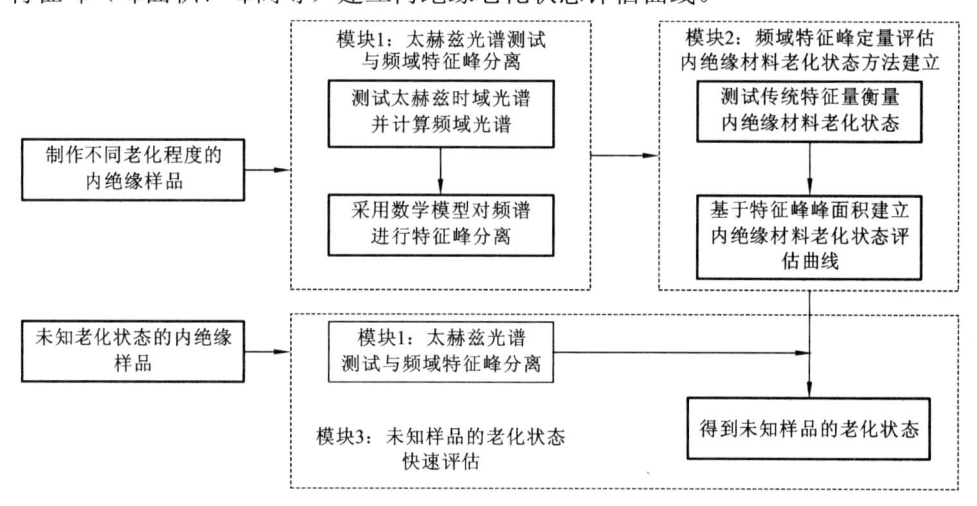

图 5.20 基于太赫兹技术对内绝缘材料劣化状态的无损评估流程

作为一个实施案例[26]，采用上述方案对湖南广信生产的型号为 G2.0 的厚度为 2 mm 的绝缘纸板的劣化状态进行无损检测。

1. 不同老化程度的纤维素样品制作

将纸板裁剪成 35 mm×70 mm 的长方形样品，与克拉玛依 25# 变压器绝缘油混合，在 90 ℃/50 Pa 条件下干燥 48 h。再按 12∶1 的油纸配比放入广口瓶中，在 60 ℃50 Pa 的条件下干燥浸渍 24 h。之后将其密封，在 130 ℃下加速热老化，分别在 0 天、1 天、2 天、3 天、7 天、11 天、17 天、35 天、58 天和 80 天取样。

2. 太赫兹频域光谱测试

利用太赫兹时域光谱对不同劣化程度的样品开展透射式测试，图 5.21 显示了光谱仪检测样品的过程和原理:来自飞秒激光器的一个脉冲经过分光束后进入太赫兹发射器,并产生一个单周期太赫兹辐射。太赫兹脉冲通过光电导天线射向样本,穿透样本后携带样本信息的太赫兹脉冲被太赫兹接收器捕捉,通过将穿过样本和未穿过样本的参考信号进行比较,就可以得到太赫兹时域电场 $E_{\text{origin}}(t)$。为了反映一块绝缘纸板的平均劣化状态,利用自动移动平台对绝缘纸板进行扫描测量,排除纸板边缘的扫描范围为 30 mm×60 mm,扫描间隔分别为 3 mm 和 6 mm,共计 121 个点,为了减少实验误差,每个点的数据进行 20 次的平均。每块纸板扫描时间约为 6 min。

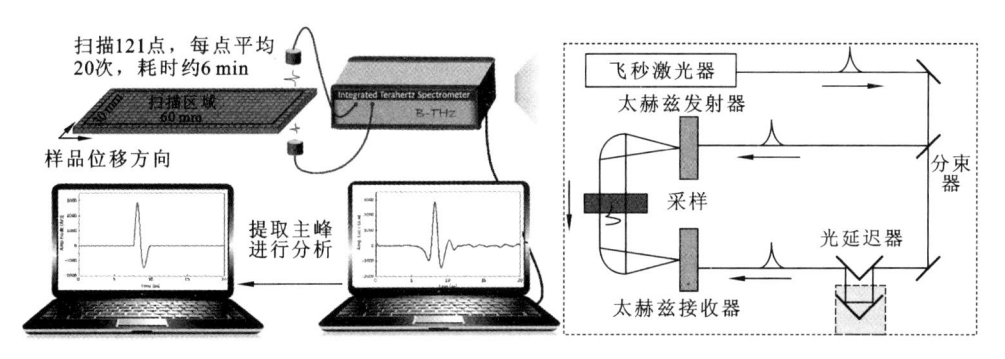

图 5.21　太赫兹光谱仪检测样品的过程和原理示意图

整个过程在室温下进行,保持环境湿度低于 10%。测试前统一对油纸样品进行干燥浸油处理,使其水分含量小于 2%,以减小水分对测试结果的影响。提取太赫兹波的主峰进行分析,并将主波之外的信号全部置零,得到处理后的太赫兹时域电场 $E(t)$,以排除太赫兹波在样品厚度方向上多次折、反射的影响。同时,在整个测试过程中,仪器的参数保持不变,以确保样品在不同劣化阶段的差异主要来自样品本身。

为进一步获得样品的吸收系数特征,通过傅里叶变换将时域光谱 $E(t)$ 转换为频域光谱 $E(\omega)$,如式(5.19)所示。

$$E(\omega) = \int_{-\infty}^{\infty} E(t) e^{i\omega t} dt = A(\omega) \exp^{i\omega t}[-i\phi(\omega)] \tag{5.19}$$

式中:ω 为角频率;$E(\omega)$ 为太赫兹频域电场;$E(t)$ 为提取主峰后的太赫兹时域电场;$A(\omega)$ 为频域幅值;$\phi(\omega)$ 为频域相位。

绝缘纸板在太赫兹频段具有介电指纹特性,其间的纤维素内/间的氢键会对太赫兹波进行吸收。利用干燥的空气为参考信号,不同劣化状态的绝缘纸板的光谱信息可以从样品信号与参考光谱的比较得到折射率 $n(\omega)$,利用折射率可计算吸收系数 $\alpha(\omega)$,如式(5.20)和式(5.21)所示。

$$n(\omega) = 1 + \frac{[\phi_s(\omega) - \phi_r(\omega)]c}{d\omega} \tag{5.20}$$

$$\alpha(\omega) = \frac{2}{d}\ln\left(\frac{4n(\omega)}{A_s(\omega)/A_r(\omega)[n(\omega)+1]^2}\right) \tag{5.21}$$

式中：n 为样品的折射率；α 为样品的吸收系数；d 为样品的厚度；c 为真空中的光速。

图 5.22 给出了不同老化程度样品的太赫兹吸收光谱。可以看出，绝缘纸板老化会造成太赫兹吸收频谱的变化，但所有样品均在~1.0 THz、~1.3 THz、~1.5 THz、~1.9 THz 存在明显的吸收特征峰。

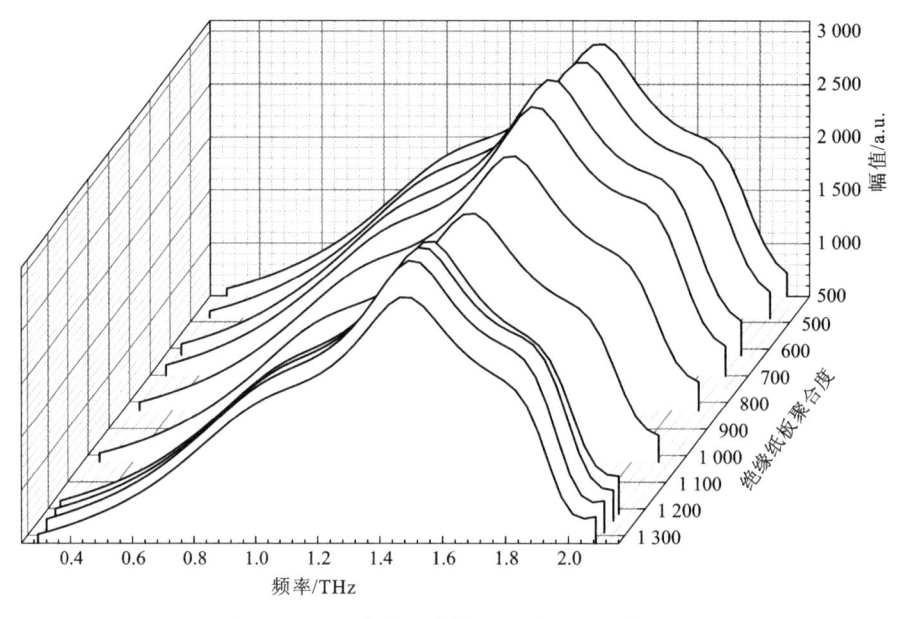

图 5.22 不同老化程度样品的太赫兹吸收光谱

3. 数学模型对频谱进行特征峰分离选择

纤维素的太赫兹吸收光谱中，单个光谱峰可以解释为分子的特定振动模式，而测得的整个光谱主要是由多个光谱峰叠加的结果，分离提取有效特征是表征纤维素劣化状态的关键。若已知纤维素振动的中心频段，由于多普勒效应和仪器的特性等影响，光谱的展宽可以用高斯函数来表示。利用式（5.22）的高斯函数来进行纤维素纸板太赫兹吸收光谱的特征提取。

$$\alpha(\omega) = \sum_{i=1}^{n} A_i e^{-0.5\left(\frac{\omega-\omega_i}{w_i}\right)^2} \tag{5.22}$$

式中：ω_i 为第 i 个特征峰的中心频段；A_i 为第 i 个特征峰的幅值。w_i 与半峰全宽（full—width at half-maximum，FWHM）有关，近似为 1.7 FWHM。

利用仿真结果提出的特征峰，基于式（5.22），将原始的吸收光谱分为 4 个特征峰，其中 ω_i 控制在中心频段 ±0.2 THz 内，w_i 范围小于 2，对实验光谱进行分峰拟合。在拟合过程中采用单纯形法（simplex method）算法，配合全局优化算法跳出局部最优值，直至卡方系数低于 0.000 01。图 5.23 为绝缘纸板的特征峰拟合数据。圆点——实验数据；细黑色线——拟合曲线；粗黑色线中心峰位=~1 THz 的拟合峰；点划线中心峰位=~1.3 THz 的拟合峰；虚线中心峰位=~1.5 THz 的拟合峰；双点划线中心峰位=~1.9 THz 的拟合峰。可以看出吸收光谱中特征较为明显的~1.0 THz、~1.5 THz、~1.9 THz 拟合峰曲线的半峰全宽较小，而~1.3 THz 半峰全宽较大，是由于叠加了绝缘纸板内其余极性物质在该频段的吸收。进一步探究发现，1 THz 的拟合峰（粗黑色线）随着绝缘纸板老化天数而下降，这与以往研究发现的 1 THz 反映了氢键和羟基的含量相呼应。

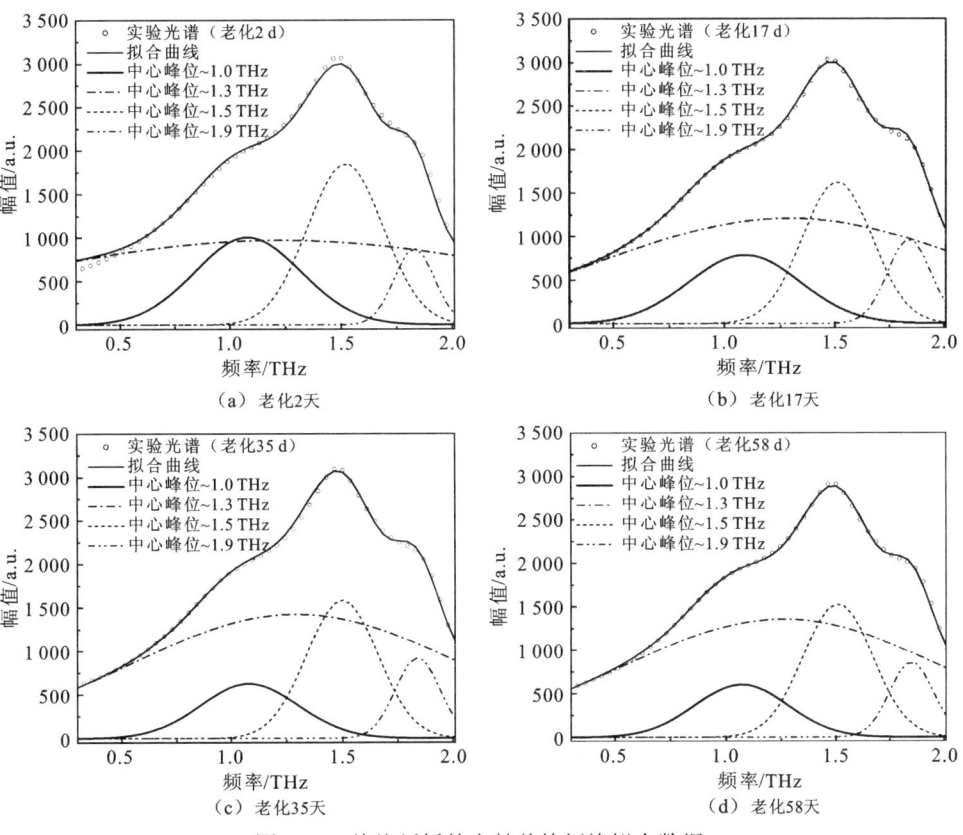

图 5.23 绝缘纸板的太赫兹特征峰拟合数据

4. 表征纤维素老化状态的标准参量测试

根据《新的和老化的纤维素电绝缘材料的平均粘度聚合度的测量》(IEC 60450: 2004) 的方法，对绝缘纸板进行聚合度测量。图 5.24 显示了纤维素纸板的聚合度与老化时间的关系。可以看到，随着热老化时间变长，绝缘纸板的聚合度逐渐降低，10 个样品的聚合度分布介于 400~1 400。

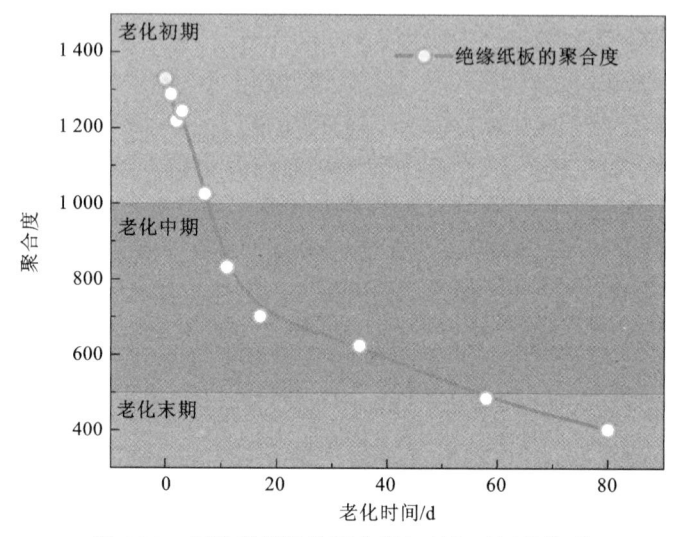

图 5.24 纤维素纸板的聚合度与老化时间的关系

5. 基于峰面积建立纤维素老化状态评估曲线

如图 5.25 所示，获取 1 THz 特征峰的峰面积，以量化其与纸板聚合度之间的关系。结果发现 1 THz 特征峰峰面积对数随着聚合度的降低整体下降，1 THz 特征峰峰面积与聚合度之间存在良好的半对数线性关系。可以将特征峰峰面积的对数与油浸绝缘纸板的聚合度进行线性拟合，皮尔逊相关系数达 0.95，从而通过太赫兹吸收光谱评估绝缘纸板的老化状态。

由此，通过太赫兹光谱 1 THz 左右特征峰峰面积来评估油浸绝缘纸板的聚合度模型如式（5.23）所示：

$$P_{\mathrm{DP}} = \frac{\ln(S_{1\,\mathrm{THz}}) - 5.29}{9.60 \times 10^{-4}} \quad (5.23)$$

式中：$S_{1\,\mathrm{THz}}$ 为 1 THz 左右特征峰的峰面积；P_{DP} 为预测的油浸纸板的聚合度。

6. 未知样品纤维素的老化状态评估

最后，为了评估方法的可行性与普适性，重新制作两批油纸热老化样品，油

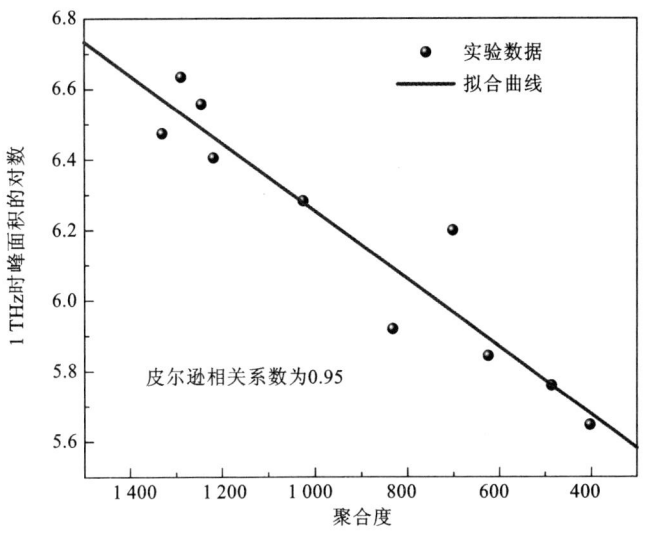

图 5.25 特征峰峰面积与纸板聚合度之间的关系

纸比分别为 12∶1 和 10∶1，老化 80 天中共取 17 个样，样品老化状态未知。利用同样的方法对绝缘纸板进行干燥和浸油处理后，测量太赫兹曲线，并用所建立的算法进行分峰拟合，取 1 THz 左右的峰面积进行聚合度预测，预测结果与实际结果的误差如图 5.26 所示。可以看出通过太赫兹特征峰峰面积能够很好地预测聚合度，94%的测试样品的聚合度预测误差在±20%之内，其中误差来源为太赫兹扫描的一个面积乘以厚度的绝缘纸板块，测量的是一块纸板的平均聚合度，而基于粘度法测量聚合度的方法（IEC 60450: 2004）只能测量纸板中一小部分样品的聚合度。

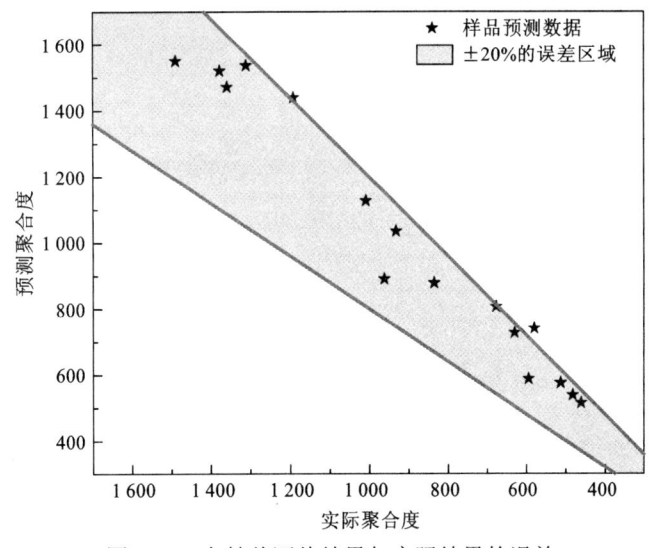

图 5.26 太赫兹评估结果与实际结果的误差

5.3 基于太赫兹的原材料溯源

油浸绝缘纸板作为一种常见的绝缘材料，广泛应用于变压器等关键电力设备，其质量直接决定了设备的安全性和电网的稳定性。绝缘纸板的厂家很多，不同的厂家产品质量不同，价格也不同。在工程实践中，变压器的制造商经常不遵守合同要求，擅自更换供应商，将劣质产品投入运营而影响电网的安全稳定运行。因此，为了避免这种现象的发生，有必要采用适当的检测方法，追溯油浸绝缘纸板的制造商。

太赫兹波可以穿过许多非极性物质和介电材料，太赫兹光子能量低，脉冲宽度在皮秒级，可实现样品的快速无损检测。此外，分子的旋转和振动也在太赫兹波段。因此，太赫兹被广泛用于物质鉴定领域。

实验采用了太赫兹时域光谱系统（THz-TDS），主要由太赫兹波发生系统、信号检测系统和信号采集系统组成。首先测试参考信号，将样品夹在实验设备中，以便检测太赫兹时域频谱并获得太赫兹时域波形，在实验过程中，控制环境温度为 25 ℃，湿度为 20%。

太赫兹光谱可以显示随着分子结构和形貌的变化而出现的偏振特性。因此，通过计算太赫兹复数介电光谱，可以分析不同绝缘纸板样品的极性变化。通过对太赫兹时域光谱仪获得的时域信号进行傅里叶变换，可以将测量的太赫兹时域电场转换为角频域形式，如式（5.24）所示：

$$E(\omega) = \int_{-\infty}^{\infty} E(t) e^{i\omega t} dt = A(\omega) e^{i\omega t[-i\varphi(\omega)]} \tag{5.24}$$

式中：$E(\omega)$ 为太赫兹频域信号；$E(t)$ 为太赫兹时域信号；$A(\omega)$ 为太赫兹频域幅值；ω 为角频率。

$$n(\omega) = \frac{[\varphi_s(\omega) - \varphi_r(\omega)]c}{\omega d} + 1 \tag{5.25}$$

$$k(\omega) = \ln\left\{\frac{4\tilde{n}(\omega)}{\dfrac{A_s(\omega)}{A_r(\omega)}[1+\tilde{n}(\omega)]^2}\right\}\frac{c}{\omega d} \tag{5.26}$$

式中：$n(\omega)$ 为折射率；$k(\omega)$ 为消光系数；c 为光速；d 为样品厚度。对样品的介电特性和光学性质可以用复折射率 $n^*(\omega)$ 和复介电常数 $\varepsilon^*(\omega)$ 来表示：

$$n^*(\omega) = n(\omega) + ik(\omega) \tag{5.27}$$

$$\varepsilon^*(\omega) = [n^*(\omega)]^2 \tag{5.28}$$

$$\varepsilon'(\omega) = [n(\omega)]^2 - [k(\omega)]^2 \tag{5.29}$$

$$\varepsilon''(\omega) = 2n(\omega)k(\omega) \tag{5.30}$$

式中：ε' 为介电常数的实部；ε'' 为介电常数的虚部。

对未放置样品的参考信号进行测试，然后对样品进行测试，以获得其太赫兹时域频谱。取每个制造商的 5 个绝缘纸板样品的平均值，以获得如图 5.27 所示的参考信号和来自不同制造商的绝缘纸板的太赫兹时域频谱图。当太赫兹波通过样品时，样品会吸收太赫兹波，因此不同制造商生产的绝缘纸板的峰值并不相同，这是因为不同制造商生产的绝缘纸板对太赫兹波的吸收各不相同。此外，不同厂

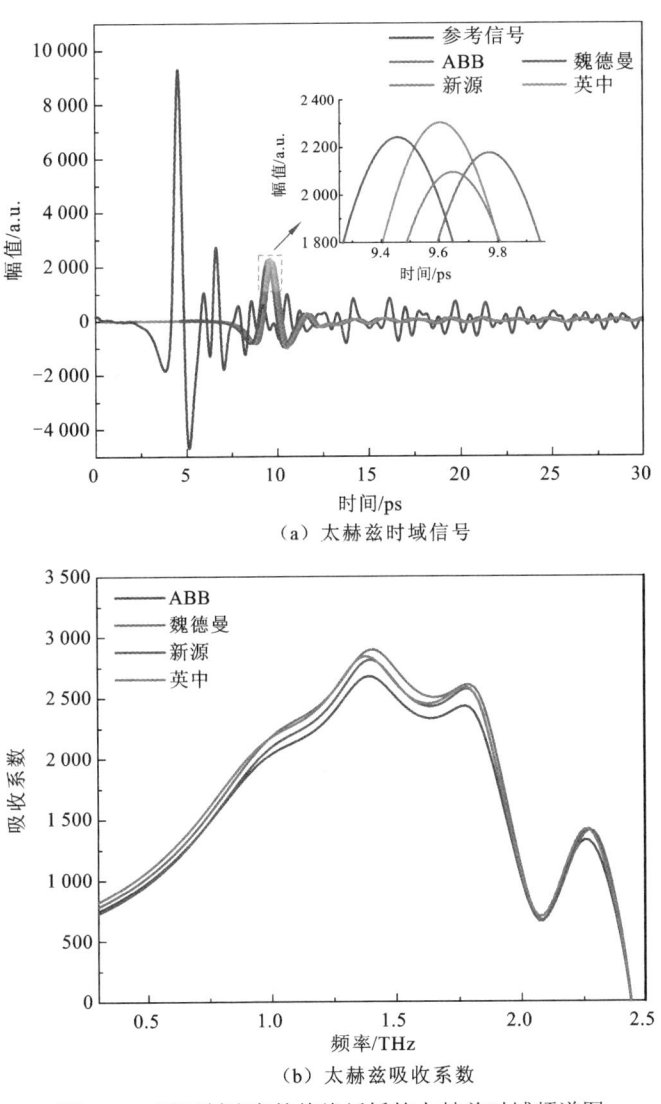

(a) 太赫兹时域信号

(b) 太赫兹吸收系数

图 5.27 不同制造商的绝缘纸板的太赫兹时域频谱图

家绝缘纸板的太赫兹时域谱峰对应的峰值时间也不同，相对于参考信号有一定的延迟时间，原因是虽然太赫兹波通过相同厚度（2 mm）的样品，但不同厂家生产的绝缘纸板的折射率不同。

4家绝缘纸板制造商的折射率光谱波形也非常相似，如图5.28所示。波谷在0.2 THz、1.4 THz和1.9 THz，峰值在1.7 THz和2.2 THz，但它们的折射率在幅度上是不同的。

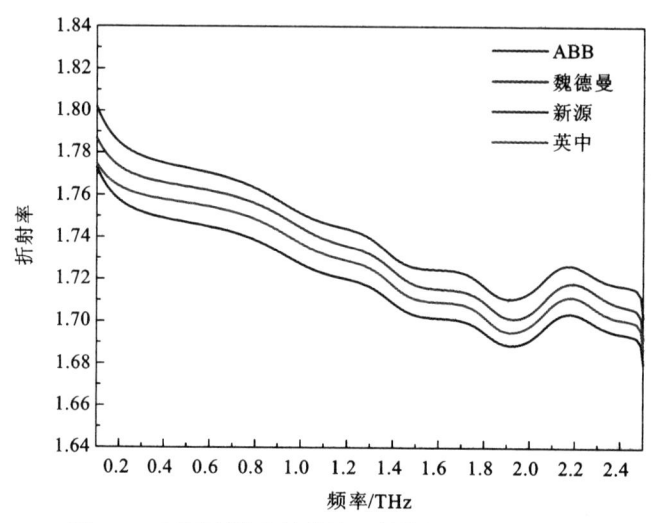

图5.28 不同制造商的绝缘纸板的折射率光谱波形

外绝缘用硅橡胶因为具有良好的憎水性与憎水迁移性，可用作复合绝缘子的伞裙护套，广泛应用于电力架空线路的外部绝缘，它的安全对外绝缘非常重要。虽然硅橡胶具有很高的疏水性，但在绝缘子的运行过程中会不可避免地与环境中的水分接触。即使是硅橡胶中微小的水分含量也足以降低绝缘子的电气强度，加快绝缘子的老化进程，缩短绝缘子的正常运行年限。同时可能会诱发绝缘设备的异常温升，甚至会引发断裂等不可恢复的严重事故，造成高压输电网络的长期停电，极大地影响用电安全。硅橡胶复合绝缘子护套中的水分含量反映绝缘子绝缘系统的老化状态与其绝缘性能的重要指标，进而可以用以表征绝缘子整体的绝缘状态。因此，对硅橡胶复合绝缘子护套的微水含量进行准确检测，可提早发现硅橡胶复合绝缘子早期故障，提高绝缘子运行寿命及可靠性，对预防绝缘事故、保障电网运行安全有重要的工程价值。

硅橡胶材料的吸湿特性作为评估材料性能的重要指标，现有的吸湿预测方法均是单纯基于实验数据，而对于硅橡胶等绝大多数聚合物绝缘材料，现有理论已证明其吸湿应满足朗缪尔模型,但现有方法均未考虑朗缪尔模型,因此其预测效率较低,节约实验时长的效果并不明显。对于某种材料,首先需要进行大量的实验,测定其不同时间的吸湿特性,工作量大,且普适性较差。因此,为减少吸湿实验耗时,对硅橡胶吸湿特性进行研究,并提出一种可检测的硅橡胶材料含水量太赫兹检测方法。

使用太赫兹检测平台对硅橡胶进行检测,在太赫兹波段(0.3~2 THz)对不同水分含量(0.009%~0.12%)的硅橡胶进行介电谱研究。

从图5.29中可以看出在1.2 THz、1.3 THz附近,存在较为明显的吸收峰,且1.3 THz附近的吸收峰强度最高。

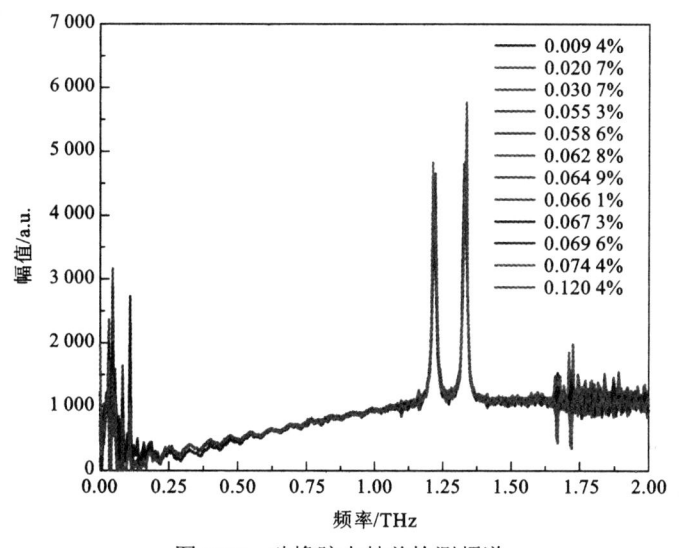

图 5.29 硅橡胶太赫兹检测频谱

对比样品在0.9 THz、1.3 THz和1.8 THz处的吸收峰强度(图5.30),可以发现:在0.9 THz的吸收峰强度对水含量的变化不敏感;在1.5~2 THz范围内,吸收光谱的分散程度较大;在1.2 THz附近存在吸收峰,但与微水含量的关系不明显,而在1.3 THz处存在最大的特征吸收峰,且受水分分散程度的影响较小,也与微水含量有良好的正相关性。因此,可以将1.33 THz作为硅橡胶中微水检测的特征峰。

如图5.31所示,不同含水量的硅橡胶样品的吸收光谱1.3 THz附近的峰高与含水量相拟合,拟合效果良好,拟合优度大于0.97。

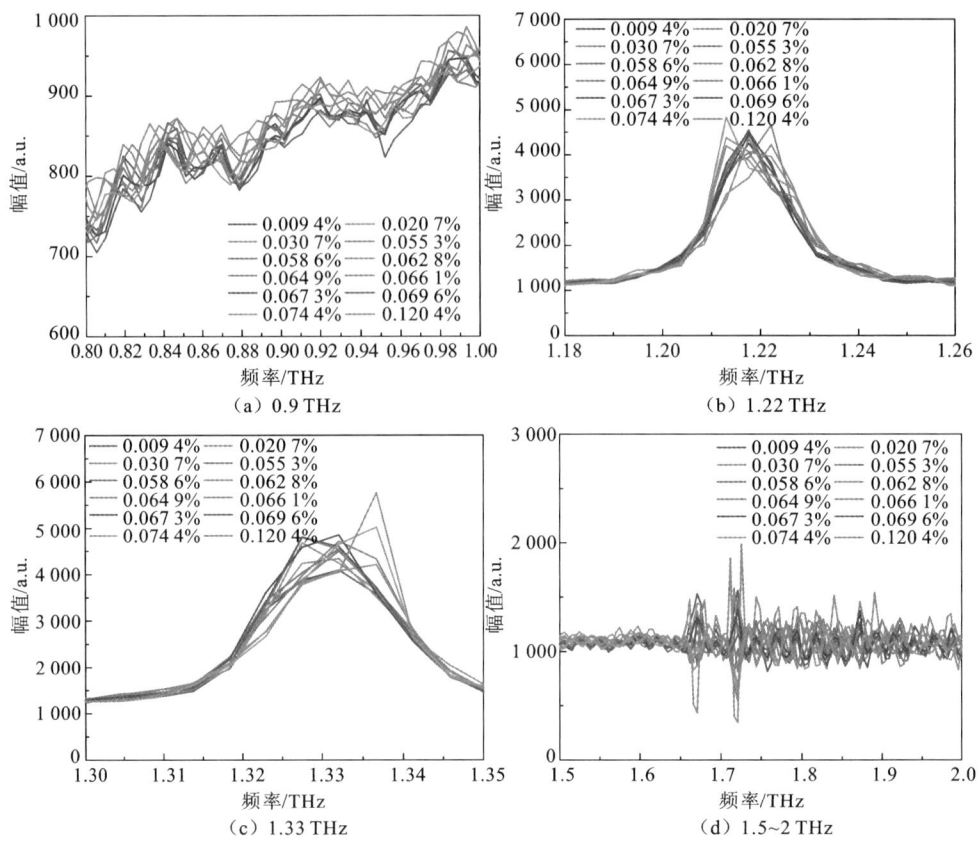

图 5.30 硅橡胶吸收峰强度

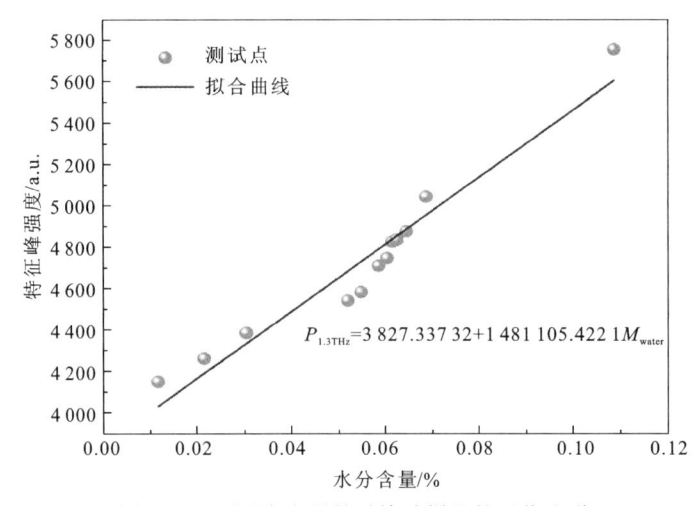

图 5.31 不同含水量的硅橡胶样品的吸收光谱

$P_{1.3\text{THz}} = 3\,827.337\,32 + 1\,481\,105.422\,1 M_{\text{water}}$

参 考 文 献

[1] 聂永杰, 赵现平, 李盛涛. XLPE 电缆状态监测与绝缘诊断研究进展[J]. 高电压技术, 2020, 46(4): 1361-1371.

[2] 祝令瑜, 占草, 刘琛硕, 等. 高压IGBT劣化机理分析及状态监测技术研究综述[J]. 高电压技术, 2021, 47(3): 903-916.

[3] Gilbert R, Jalbert J, Duchesne S, et al. Kinetics of the production of chain-end groups and methanol from the depolymerization of cellulose during the ageing of paper/oil systems. Part 2: Thermally-upgraded insulating papers[J]. Cellulose, 2010, 17(2): 253-269.

[4] Wang M, Vandermaar A J, Srivastava K D. Review of condition assessment of power transformers in service[J]. IEEE Electrical Insulation Magazine, 2002, 18(6): 12-25.

[5] 杨丽君, 廖瑞金, 孙才新, 等. 油纸绝缘老化阶段的多元统计分析[J]. 中国电机工程学报, 2005, 25(18): 151-156.

[6] Oommen T V, Prevost T A. Cellulose insulation in oil-filled power transformers: Part II-maintaining insulation integrity and life[J]. IEEE Electrical Insulation Magazine, 2006, 22(2): 5-14.

[7] Montsinger V M. Loading transformers by temperature[J]. Transactions of the American Institute of Electrical Engineers, 1930, 49(2): 776-790.

[8] 巩晶. 温度和水分对变压器油纸绝缘老化特性及寿命评估的影响研究[D]. 重庆: 重庆大学, 2010.

[9] 杨丽君. 变压器油纸绝缘老化特征量与寿命评估方法研究[D]. 重庆: 重庆大学, 2009.

[10] Emsley A M, Stevens G C. Review of chemical indicators of degradation of cellulosic electrical paper insulation in oil-filled transformers[J]. IEE Proceedings-Science, Measurement and Technology, 1994, 141(5): 324-334.

[11] 廖瑞金, 杨丽君, 郑含博, 等. 电力变压器油纸绝缘热老化研究综述[J]. 电工技术学报, 2012, 27(5): 1-12.

[12] Wang H Q, Cheng L, Cheng Z D, et al. Characterization of water-participant hydrogen bonds in oil-paper insulation investigated with terahertz dielectric spectroscopy[J]. IEEE Transactions on Dielectrics and Electrical Insulation, 2020, 27(2): 640-648.

[13] Lin H, Russell B P, Bawuah P, et al. Sensing water absorption in hygrothermally aged epoxies with terahertz time-domain spectroscopy[J]. Analytical Chemistry, American Chemical Society, 2021, 93(4): 2449-2455.

[14] Sindhu P S, Mitra N, Ghindani D, et al. Epoxy resin (DGEBA/TETA) exposed to water: A

spectroscopic investigation to determine water-epoxy interactions[J]. Journal of Infrared, Millimeter, and Terahertz Waves, 2021, 42(5): 558-571.

[15] Dong H C, Liu Y F, Cao Y M, et al. Terahertz-based method for accurate characterization of early water absorption properties of epoxy resins and rapid detection of water absorption[J]. Polymers, 2021, 13(23): 4250.

[16] Redo-Sanchez A, Salvatella G, Galceran R, et al. Assessment of terahertz spectroscopy to detect antibiotic residues in food and feed matrices[J]. The Analyst, 2011, 136(8): 1733-1738.

[17] Liu R, He M X, Su R X, et al. Insulin amyloid fibrillation studied by terahertz spectroscopy and other biophysical methods[J]. Biochemical and Biophysical Research Communications, 2010, 391(1): 862-867.

[18] Shen Y C, Upadhya P C, Linfield E H, et al. Ultrabroadband terahertz radiation from low-temperature-grown GaAs photoconductive emitters[J]. Applied Physics Letters, 2003, 83(15): 3117-3119.

[19] Lee I S, Lee J W. Effects of thermal aging on cellulose pressboard using terahertz time-domain spectroscopy[J]. Current Applied Physics, 2019, 19(11): 1145-1149.

[20] 王亮. 基于太赫兹时域光谱的变压器绝缘油纸老化状态检测[D]. 重庆: 西南大学, 2020.

[21] 张献生, 常天英, 崔洪亮, 等. 天然硫化橡胶热氧老化中太赫兹介电谱[J]. 红外与激光工程, 2018, 47(10): 291-296.

[22] Chang T Y, Zhang X S, Cui H L. Thermal aging analysis of carbon black and silica filled natural rubber based on terahertz dielectric spectroscopy[J]. Infrared Physics & Technology, 2020, 105: 103195.

[23] Yang H T, Wu Z S, Dong W N, et al. Analysis of the influence of silicone rubber aging on the transmission parameters of terahertz waves[J]. Energies, 2021, 14(14): 4238.

[24] 张学敏, 皇剑, 王子豪, 等. 基于太赫兹技术的硅橡胶复合绝缘子老化检测[J]. 广西科技大学学报, 2021, 32(4): 1-8.

[25] 于是乎, 张媛媛, 何宏明, 等. 热氧老化对XLPE太赫兹频域介电特性的影响[J]. 绝缘材料, 2020, 53(2): 53-58.

[26] He Y X, Yang L J, Cheng L, et al. Cellulose hydrogen bond detection using terahertz time-domain spectroscopy to indicate deterioration of oil-paper insulation[J]. Cellulose, 2023, 30(2): 727-740.